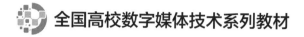

全国高校数字媒体技术系列教材

Python 程序设计
基础教程

主　编　孙海龙　王济军
副主编　庞珊娜　刘　畅

配有电子教学资料包

企业管理出版社
ENTERPRISE MANAGEMENT PUBLISHING HOUSE

图书在版编目（CIP）数据

Python 程序设计基础教程 / 孙海龙, 王济军主编.
—北京：企业管理出版社, 2023.12
ISBN 978-7-5164-2962-4

Ⅰ．①P⋯　Ⅱ．①孙⋯ ②王⋯　Ⅲ．①软件工具 – 程序设计
②Python　Ⅳ．①TP311.561

中国国家版本 CIP 数据核字（2023）第 186363 号

书　　　名：Python 程序设计基础教程

书　　　号：ISBN 978-7-5164-2962-4

作　　　者：孙海龙　王济军

策　　　划：寇俊玲

责任编辑：寇俊玲

出版发行：企业管理出版社

经　　　销：新华书店

地　　　址：北京市海淀区紫竹院南路 17 号　　　邮　　　编：100048

网　　　址：http://www.emph.cn　　　电子信箱：1142937578@qq.cm

电　　　话：编辑部 (010)68701408　　发行部 (010)68701816

印　　　刷：三河市荣展印务有限公司

版　　　次：2024 年 2 月第 1 版

印　　　次：2024 年 2 月第 1 次印刷

开　　　本：787 毫米×1092 毫米　1/16

印　　　张：11.5

字　　　数：280 千字

定　　　价：45.00 元

前　言

习近平总书记在党的二十大报告中指出:"建设教育强国是中华民族伟大复兴的基础工程。"而在我国高等学校的专业设置中,程序设计不仅是推进教育现代化、信息化、智能化过程中的一项基础技术,也是现代社会和未来社会一项非常重要的技能。

在众多的编程语言中,Python 语言简洁优雅、通用灵活,非常适合初学者学习,它自诞生以来,经过三十多年的发展,已经构建了自己庞大的"计算生态",成为最受欢迎的程序设计语言之一。近几年来,国内各高校和培训机构开设相关课程,2018 年 3 月全国计算机等级考试开设了 Python 程序设计能力认证考试(二级),再次提升了 Python 语言的重要性。

本书作者长期从事程序设计语言的教学工作,积累了丰富的教学经验,在编写过程中充分考虑了学生学习中的痛点,设计多个富有时代气息的有趣案例,如:绘制 2022 年北京冬奥会吉祥物冰墩墩、输出和打印自己的星座、计算体重指数 BMI、打印毛主席诗词、计算冬奥会自由式滑雪项目的修正平均分、统计金庸小说中人物的出场次数、绘制《沁园春・雪》、党的二十大报告词云图、自制生词本、猜单词小游戏等,充分激发学生的学习兴趣,循序渐进解决学生学习过程中的痛点和难点。

本书所有案例和代码基于 Python3.10 版本编写。第 1～6 章涵盖了 Python 语言的基础语法部分,分别是 Python 语言概述、Python 语法基础、程序的控制结构、组合数据类型、函数、文件;第 7 章对 Python 强大的计算生态进行简要介绍,并通过案例讲解几个有代表性的第三方库的使用。

本书由天津外国语大学通识教育学院孙海龙老师和王济军老师共同主编、修永富老师统稿。天津外国语大学通识教育学院计算机教研室的庞珊娜、刘畅、邵忻、赵芳、焦旭等老师也参与了部分章节的编写,感谢他们的帮助与合作。本书在初稿形成时,2020 级和 2021 级学生向兴嫒、马琪琪、赵曦然、王煜懿、吕庆琳、刘雅琳、李静、王振琦等对内容的梳理提出了建议,在此一并表示感谢。

由于编者水平有限,书中难免有疏漏和不足之处,恳请广大读者批评指正,使之更趋完善!

本教材还配备了电子教学资料包:包括电子教案、教学指南、练习题答案等,能够为教师授课和学生学习提供诸多便利,请通过以下方式获取。

电话:(010)68701408　　13261648869　　企业管理出版社编辑部

邮箱:qyglcbs@ yeah. net

编者

2023 年 8 月

主编简介

　　孙海龙，男，硕士，毕业于天津师范大学计算机与信息工程学院。现为天津外国语大学通识教育学院教师。主要研究方向为计算机图形学、科学计算可视化领域的算法与技术计算机信息技术教育与人才培养。参与省部级、校级科研教学项目共 6 项；发表论文 10 余篇；出版教材 2 部。为本科生讲授 Python 语言程序设计、C 语言程序设计、计算机图形图像处理、计算机网络、数据库等课程。指导学生参加第 9 届、第 11 届全国大学生计算机应用能力与信息素养大赛全国总决赛，获得计算机基础赛项本科组一等奖一次和其他奖项多次。

　　王济军，男，博士，教授，硕士生导师。现就职于天津外国语大学。天津市高校学科领军人才、第五届天津市教育专业学位教育指导委员会委员，天津市"131"创新型人才培养工程第二层次人选，天津外国语大学教育学科带头人、教务处处长兼通识教育学院院长。美国纽约州立大学奥尔巴尼分校访问学者、全球华人计算机教育应用大会程序委员；兼任中国教育技术协会外语专业委员会副会长、中国教育技术协会标准化委员会委员、天津市教育学会中小学信息技术教育专业委员会副会长、天津外国语大学优秀教学团队负责人。主持各级各类项目 20 余项，发表论文 30 余篇，出版专著、教材共 7 部。天津市一流专业带头人、天津市混合式一流课程负责人；作为主持人获得天津市高等教育教学成果奖二等奖、基础教育教学成果奖二等奖。

目 录

第 1 章   Python 语言概述

苹果公司创始人之一史蒂夫·乔布斯说:"在这个国家,每个人都应该学习编程,因为它教你如何思考"。在众多的计算机编程语言中,Python 语言以其优美简洁的语法、灵活强大的功能以及出色的开发效率等特点,迅速在各个领域都占据一席之地,并赢得了无数程序开发人员和编程爱好者的喜爱和追捧。就让我们从 Python 开始学习编程吧!

1.1   Python 语言简介

计算机编程语言从诞生至今经历了从机器语言到汇编语言,再到高级语言的发展历程。机器语言和汇编语言属于低级语言,低级语言与计算机体系结构相关,可读性差,程序编写较为困难。高级语言是独立于计算机体系结构的语言,其最大的特点是用类似自然语言的形式来描述对问题的处理过程,比较贴近人类思维,使得程序编写较为容易,也具有较高的可读性。

在众多的高级语言中有一种叫 Python 的语言,随着移动互联网、大数据、机器学习、人工智能的发展而大放异彩,并在这些热门领域都得到了广泛应用。根据 2022 年 2 月 TIOBE 网站发布的各类编程语言排行榜显示,Python 语言再次坐上年度第一编程语言宝座,这是 Python 第五次获得该项荣誉,其他 4 次分别是 2007 年、2010 年、2018 年、2020 年。图 1-1 是 TIOEB 发布的编程语言排行榜。

Feb 2022	Feb 2021	Change	Programming Language	Ratings	Change
1	3	^	Python	15.33%	+4.47%
2	1	˅	C	14.08%	-2.26%
3	2	˅	Java	12.13%	+0.84%
4	4		C++	8.01%	+1.13%
5	5		C#	5.37%	+0.93%
6	6		Visual Basic	5.23%	+0.90%
7	7		JavaScript	1.83%	-0.45%
8	8		PHP	1.79%	+0.04%
9	10	^	Assembly language	1.60%	-0.06%
10	9	˅	SQL	1.55%	-0.18%

图 1-1   TOP 10 编程语言

1.1.1 Python 的由来

Python 语言诞生于 1990 年,由荷兰人 Guido Van Rossum 设计并领导开发,是一种解释型、面向对象、跨平台、可扩展的开源程序设计语言。1989 年圣诞节,Guido 为了打发无聊的时间,决定为当时正在构思的一种新的脚本语言写一个解释器,于是在次年诞生了 Python 语言。"Python"的命名源自当时热播的一部英剧"Monty Python's Flying Circus",Guido 对该剧十分感兴趣,于是就用"Python"命名了他发明的这种脚本语言。

1.1.2 Python 的发展

Python 语言从诞生至今发展出 Python2 和 Python3 两个重要版本。Python3.x 是 Python 语言的一次重大升级,它不完全向下兼容 Python2 的系列程序。时至今日,绝大部分 Python 函数库和程序都采用 Python3 系列语法和解释器。"Python2.x 已经是遗产,Python3.x 是这个语言的现在和未来"。作为初学者,选择 Python3.x 无疑是明智之举。

1.1.3 Python 语言的特点

Python 能在众多的编程语言中脱颖而出、独占鳌头,无疑证明它有自己独特的优势,那么 Python 到底有哪些优缺点呢?

1. 代码简洁。在实现相同功能时,Python 代码的行数通常只有 C、C++、Java 等语言代码长度的五分之一到十分之一。

2. 语法优美。Python 的代码十分接近人类语言,只要掌握由英文单词表示的助记符,就大致能读懂 Python 的代码,Python 通过缩进来体现语句间的逻辑关系,任何人编写的代码都有统一的风格,增加了代码的可读性。

3. 开源理念。Python 语言开源的解释器和函数库吸引了大量的用户,同时这些用户自由地下载、复制、修改并发布代码,反过来又促进了 Python 语言的改进和发展。

4. 可移植性好。Python 作为解释型的语言,在任何安装有 Python 解释器的平台上都可以运行,具有良好的可移植性。

5. 扩展性好。Python 语言本身提供了良好的语法和扩展接口,能够将其他语言,如 C、C++、Java 等语言编写的代码整合起来。

6. 类库丰富。Python 解释器提供了几百个内置的类和函数库,世界各地的 Python 程序员又通过开源社区贡献了十几万个第三方库,几乎涵盖了计算机技术的各个领域,编写 Python 程序可以利用这些已有的代码,节省大量的时间和精力。

7. 通用灵活。Python 是一种通用编程语言,可以编写各个领域的应用程序,如科学计算、数据处理、人工智能、游戏开发、机器学习等。

8. 模式多样。Python 解释器内部是采用面向对象实现的,但是在语法层面支持面向对象和面向过程两种编程模式,用户可以灵活选择。

9. 入门简单。与其他编程语言相比,Python 语言更加简洁,秉持"使用最优方案解决问题"原则,降低了学习难度,入门较为简单。

除了这些优点,Python 也有一些缺点:

1. 执行效率不高。Python 程序的执行效率不高,不过这是解释型语言的"通病"。

2. 版本不兼容。Python3. x 和 Python2. x 不兼容,不过现在绝大部分程序都是基于 3. x 开发的,2. x 开发的程序会逐渐被 3. x 替换掉。

总而言之,Python 对于初学者来说,它比其他编程语言更容易入门,对程序开发人员来说,它灵活高效,应用广泛,是一门强大而优秀的语言。

1.2　Python 编程环境配置

Python 作为一种得到广泛应用的开源编程语言,很多公司和组织开发了支持 Python 语言的集成开发环境,比如:Sublime Text、Vim、Jupyter Notebook、VS Code、PyCharm 等。但对于初学者来说,Python 官方的集成开发环境——IDLE 无疑是最好的选择。IDLE (Python's Integrated Development and Learning Environment)是一个轻量级的 Python 语言开发环境,可以支持交互式和批量式两种编程方式,具备集成开发环境的基本功能,可以让初学者把精力聚焦到 Python 语言本身。

1.2.1　Python 官方解释器下载和安装

用户可以在 Python 官网下载集成开发环境 IDLE,根据所用操作系统选择相应的 Python 版本,建议采用3. 7 或之后的版本,本书以 Windows10 和 Python3. 10 为例进行讲解。

双击下载好的安装包,将启动一个如图 1-2 所示的引导过程,在该界面中注意勾选 "Add Python3. 10 to PATH"复选框,然后选择"Install Now"进行安装。

图 1-2　安装程序引导过程的启动界面

安装成功后,将显示如图 1-3 所示的安装成功页面,点击"close"关闭安装程序。这时,系统中就安装好了一批与 Python 开发和运行相关的程序,其中最重要的是 Python 命令行工具和集成开发环境 IDLE,可以在开始菜单中找到它们。

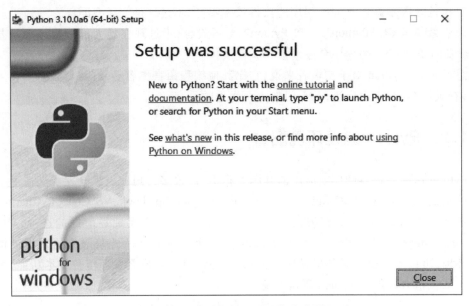

图 1-3　安装程序引导过程的成功界面

1.2.2　测试 Python 环境

运行 Python 程序有两种方式:交互式和文件式。交互式是指 Python 解释器逐行接收代码并响应用户的每条命令,并给出结果。文件式也称批量式,是指先将 Python 命令保存在文件中,然后启动 Python 解释器批量执行文件中的代码。交互式一般用于调试少量代码,文件式是最常用的编程方式。

1. 交互式启动和运行方法

(1) 方法一,启动 Windows 操作系统自带的命令行工具 cmd,在控制台中输入"python",回车之后显示 Python 版本并出现命令提示符"＞＞＞",证明系统安装成功,在命令提示符"＞＞＞"后就可以输入程序代码了。例如输入:print("Hello World!")。

```
>>> print("Hello World!")
```

按回车键后显示输出结果"Hello World!",如图 1-4 所示。需要注意的是,代码中的标点符号必须是英文标点符号(注释和字符串中的中文标点符号除外),否则会报错。

图 1-4　通过 Windows 命令行启动交互式 Python 运行环境

（2）方法二，在开始菜单|所有程序|Python3.10 中找到"Python 3.10（64bit）"程序的快捷方式，单击打开 Python 解释器命令行窗口，在命令行提示符 >>> 后面输入：print（"Hello World!"*3）。

>>>print("Hello World!" *3)

按回车键后显示输出结果"Hello World! Hello World! Hello World!"，如图 1-5 所示。

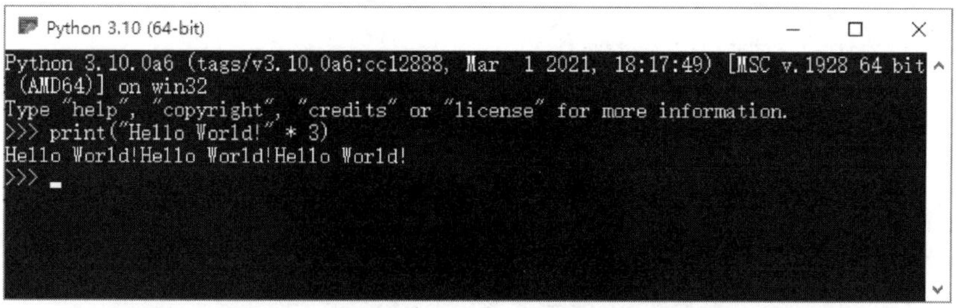

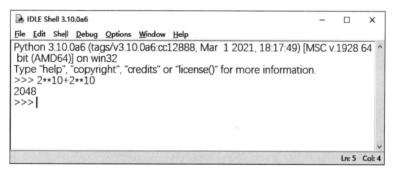

图 1-5　通过 Python 自带命令行启动交互式 python 运行环境

（3）方法三，在开始菜单|所有程序|Python3.10 中找到"IDLE（Python 3.10 64 - bit）"程序的快捷方式，单击打开 Python shell 窗口，同样在命令行提示符 >>> 后面输入：2**10 + 2**10。

>>>2**10 +2**10

按回车键后显示输出结果"2048"，如图 1-6 所示。

图 1-6　通过 IDLE Shell 启动交互式 Python 运行环境

这三种方法都可以在提示符" >>> "后面输入 quit（）或者 exit（），退出 Python 运行环境。其中方法三也是文件式运行方法的第一步。

2. 文件式启动和运行方法

按照交互式运行中的方法三打开 IDLE shell 窗口，然后通过菜单 File 下的 New File 命令，打开一个新的窗口。这是一个具备 Python 语法高亮辅助显示的编辑器，可以用它进行代码编辑并保存成 Python 程序文件。在新打开的编辑窗口输入以下程序代码。

```
#代码文件 e01.py
print("Hello World!")
print("Hello World!"*3)
print("2 的 1024 次方是：", 2**1024)
```

编写完成后,在编辑器窗口("＊untitled＊")中,选择 File 菜单下的 Save 或者 Save as 命令保存文件。例如保存到"D：\ch1\"下,命名为"e01.py",".py"是 Python 源文件的扩展名,如图 1-7 所示。

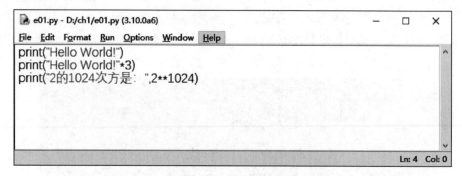

图 1-7   通过 IDLE 编写 Python 程序

在编辑器窗口中选择 Run 菜单下的 Run Module 命令,或按快捷键 F5,运行程序代码,Python Shell 窗口中会显示运行结果,如图 1-8 所示。

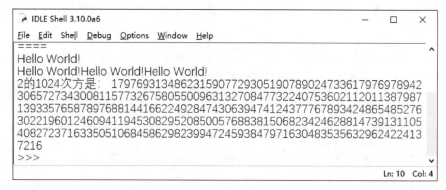

图 1-8   Python 文件 e01. py 的运行结果

3. 启动和运行方法推荐

IDLE 是一个简单高效的集成开发环境,无论是交互式还是文件式,它都有助于快速编写和调试代码,是小规模 Python 项目的主要编写工具,对于初学者来说,功能足够强大又简洁易用。IDLE 文件式是最常见也是最重要的 Python 程序编写和调试方式。

1.3   程序设计的基本方法

现在已经搭建好了 Python 的运行环境,也试着运行了几行简单的代码,那么,如何编写一个真正的程序,解决一些实际的问题呢?

1.3.1   IPO 程序编写方法

无论程序要解决问题的复杂程度如何,每个程序都遵循下面的运算模式:输入、处理和输出。这种朴素的运算模式形成了基本的程序编写方法:IPO(Input、Process、Output)方法。

1. 输入(Input)

输入是一个程序的开始,程序处理的数据可能有多种来源,因此形成了多种输入方式,包括以下几种:

(1) 文件输入:数据来自文件。

(2) 网络输入:将互联网上的数据作为输入来源。

(3) 控制台输入:程序用户手动输入数据。

(4) 交互界面输入:程序提供图形界面,接收用户的输入信息。

(5) 随机数据输入:将随机数字作为程序处理的对象,在程序内部调用特定的函数生成随机数字。

(6) 内部参数输入:程序内部定义初始化变量作为输入数据。

2. 处理(Process)

处理是程序对输入数据进行计算并产生输出结果的过程,计算问题的处理方法称为"算法",算法是程序最重要的部分,是一个程序的灵魂。

3. 输出(Output)

输出是程序展示运算结果的方式。程序的输出方式也有多种,包括以下几种:

(1) 控制台输出:以计算机屏幕为输出目标,在屏幕上打印运算结果。

(2) 图形输出:将运算结果以图形的方式展示到屏幕上,一般会启动独立的图形输出窗口。

(3) 文件输出:将运算结果保存到指定的文件中。

(4) 网络输出:以访问网络接口的方式输出运算结果。

(5) 系统内部输出:将程序运行结果输出到系统内部变量中,比如系统的线程、信号等变量。

1.3.2　IPO 编写程序实例

IPO 不仅是程序设计的基本方法,也是描述计算问题的方式,以计算圆的面积为例,其 IPO 描述如下:

```
输入:圆的半径 r
处理:计算圆的面积 s = π * r * r
输出:圆的面积 s
```

有了这样的描述,我们就可以用 Python 语言来实现:

```python
#计算圆的面积, 代码文件 e02.py
r = eval(input("请输入圆的半径 : "))
s = 3.14159 * r * r
print("圆的面积是 : ", s)
```

将上面的代码保存到 e02.py 文件中,然后运行,这时程序就等待用户从控制台输入一个数值作为圆的半径,回车后,程序计算出对应的圆的面积并输出。

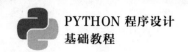

虽然这段代码只有三行,功能也非常简单,但可以看作一个真正的程序,因为它包含了 IPO 方法的所有要素。

下面就以这个微程序来介绍 Python 的基本输入和输出。Python 使用函数来实现输入和输出,函数是可以重复调用的代码块,恰当的使用函数可以提高编程效率。有关函数的内容本书第 5 章会有专门的讲解。

1. input( )函数

input( )函数从键盘获得用户输入数据,并以字符串形式传递给程序,其语法格式如下:

```
input([prompt])
```

prompt 是 input( )函数的参数,用于设置提示信息,放在一对方括号内,表示可以省略。注意,以后凡是出现在语法定义中的方括号,都表示方括号和它内部的内容可以省略。

在 e02.py 程序中,第一行代码,以"#"开始,表示该行内容是用于注释或者解释说明的、python 解释器会忽略该行内容。第二行代码,使用 input( )函数接收用户从键盘输入的数据,例如:20,由于 input( )函数总是以字符串的形式来传递数据,所以程序接收到的是"20"这样一个字符串,字符串"20"是不能进行计算的,所以要进行处理。

2. eval( )函数

eval( )函数是 Python 中一个重要的函数,它能够将一个字符串解析成合法的 Python 语句,简单的说就是去掉字符串最外层的一对引号,其语法格式如下:

```
eval(string)
```

string 是 eval 的参数,是一个字符串。

接着上面的第二行代码,由于 input( )传递给 eval( )函数一个字符串"20",经过 eval( )函数处理,去掉了两端的引号,变成了数值 20,那么变量 r 接收到的就是数值 20,程序继续执行,第三行计算 3.1415*r*r 的结果放入变量 s 中。

3. print( )函数

print( )函数是 Python 中最常用的函数,它将数据输出到控制台,即把计算结果打印在屏幕上。print( )是最基本也最重要的输出函数,语法格式如下:

```
print([value,...,sep=" ",end="\n",file=sys.stdout])
```

print( )函数参数较多,value 表示要输出的数据,可以有多个;sep 用于设定多个 value 间的分隔符,默认用空格分割;end 用于设定输出完成后的结束符,默认值为换行符 \n;file 用于指定输出数据到文件中。不过这些参数都可以省略,下面介绍几种基本的用法。

(1)输出换行:不需要任何参数,直接执行 print( ),因为默认的 end 结束符就是换行 \n;

（2）输出后不换行：替换 end 默认值"\n"为其他字符，可以实现输出后不换行；

（3）改变分隔符：替换 sep 默认值空格为其他字符，可以实现多个 value 值之间用指定的字符分割输出。

示例如下：

```
#输出示例,代码文件 e03.py
print()                              #1
print("TFSU")                        #2
print("TFSU", "你好")                 #3
print("I am", end = "... T... ")      #4
print("Tony")                        #5
print("I ama freshman", 18, sep = " <>")  #6
```

编写上面的代码,保存成 e03.py 文件,运行结果如图 1-9 所示。

其中#1 输出"一个空行";#2 输出"TFSU 和一个换行";#3 输出"TFSU 你好和一个换行";#4 输出"I am...T...",由于它的结束符 end 设置为"...T..."替换了默认的换行（\n）,所以它输出 I am 后继续输出...T...,注意,没有换行;#5 接着在这一行输出"Tony 和一个换行";#6 输出"I am a freshman <> 18",由于分隔符 sep 被设置为"<>"替换了默认的空格,所以 I am a freshman 和 18 之间的空格被 <> 替换了。

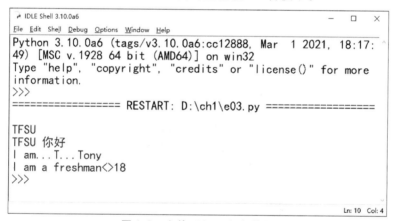

图 1-9　文件 e03.py 运行结果

1.4　体验 Python 的绘图能力

前面的例子已经初步展示了 Python 的计算能力和字符处理能力。不仅如此,Python 自带的 turtle 库还有强大绘图能力。

北京 2022 冬奥会的吉祥物冰墩墩非常火爆,到了一"墩"难求的地步,利用 Python 自带的 turtle 库就可以轻松绘制一幅冰墩墩的肖像画。

在 Python Shell 窗口,使用菜单 File 下的 New File 命令,新建 Python 文件,输入下面代码,部分代码如下（完整代码请参考实验 3:绘制冰墩墩）:

```
#绘制冰墩墩, 代码文件 x03.py
import turtle
turtle.setup(800,600)
# 速度
turtle.speed(10)
# 左手
turtle.penup()
turtle.goto(176, 111)
...
...
...
turtle.goto(-16, -160)
turtle.write("BEIJING 2022", font =('Arial', 10,'bold italic'))
turtle.hideturtle()

turtle.done()
```

　　保存到"D:\ch1\"文件夹下命名为"e04_bdd. py",然后执行 Run Module 命令,结果如图 1-10 所示。该程序虽然较长,但结构比较简单,后面的章节中会介绍 turtle 库的相关知识点。

图 1-10　Python 绘制北京 2022 冬奥会吉祥物冰墩墩

练习题

选择题

1. 下列关于程序设计语言的描述,正确的是(　　)。

A. 机器语言需要通过编译才能被计算机接受

B. 早期人们用机器语言编写计算机程序

C. 机器语言又称为高级语言

D. 现在人们普遍使用机器语言编写计算机程序

2. Python 脚本文件的扩展名为(　　)。

A. python　　　　　B. pth　　　　　C. py　　　　　D. pn

3. 下面不属于 **Python** 特性的是(　　)。

A. 简单易学　　　　　　　　　B. 开源的免费的

C. 高可移植性　　　　　　　　D. 属于低级语言

4. Python 语言的最新版本是(　　)。

A. 4.x　　　　　B. 5.x　　　　　C. 3.x　　　　　D. 2.x

5. Python 源代码遵循(　　)协议。

A. GPL(GNU Gerneral Public License)　　B. TCP

C. IP　　　　　　　　　　　　D. UNP

6. Python 语言的特点是(　　)。

A. 编译型高级语言　　　　　　B. 跨平台、开源、解释型、面向对象

C. 高级语言　　　　　　　　　D. 低级语言

7. Python 语言的运行环境是(　　)。

A. Pycharm　　　　　　　　　B. Jupyter notebook

C. Eclipse　　　　　　　　　D. 以上都可以

8. Python 源程序执行方式是(　　)。

A. 编译执行　　　　　　　　　B. 解释执行

C. 直接执行　　　　　　　　　D. 边编译边执行

9. 下面不属于解释性语言的是(　　)。

A. Verilog　　　　B. HTML　　　　C. JavaScript　　　D. Python

10. 下面是 **eval()** 函数作用的是(　　)。

A. 去掉参数中最外层一对引号,当作 Python 语句执行

B. 去掉参数中元素两侧所有引号,包括单引号或者双引号,当作 Python 表达式使用

C. 直接将参数中元素当作 Python 语句执行

D. 在参数两侧增加一对单引号,当作 Python 语句执行

PYTHON 程序设计
基础教程

上机实验

实验 1:Python 之禅

Python 语言的重要设计理念之一就是简洁优美。那么什么样的代码可以称为是简洁优美呢？除了在编程中不断的练习体会、还要参透 Python 的禅机。Python 解释器中内置了一个有趣的文件,被称为 Python 之禅(The Zen of Python)。这是一篇由 Tim Peter 撰写的文章,介绍了 Python 程序所需要关注的一些重要原则。运行下面代码,领悟 Python 之禅吧!

```
>>> import this
```

实验 2:打印金字塔

用一行代码在屏幕上打印金字塔形状,如下图。

```
    *
   ***
  *****
```

实验 3:绘制"冰墩墩"

运行 1.4 小节绘制冰墩墩的程序(代码见附录 B),体会 Python 的绘图能力。

第 2 章　Python 语法基础

任何语言都有相应的语法规范，Python 语言也有一套固定的语法规则，掌握这些语法是编写 Python 程序的基础，本章对 Python 语言的基础知识进行讲解，包括代码格式、标识符、保留字、变量、数据类型、运算符和表达式等知识点。

2.1　代码格式

Python 程序包括格式、注释、变量、表达式、函数等语法元素。不同于其他语言，Python 代码的格式本身就是语法的组成部分，不符合格式规范的代码无法正常运行。本小节对 Python 代码规范进行讲解，包括注释、换行、缩进和对齐等。

2.1.1　注释

注释是程序编写人员在代码中加入的辅助性文字，用来对代码进行说明，增加代码的可读性，程序运行时解释器会忽略注释。Python 中的注释分为单行注释和多行注释。

1. 单行注释

单行注释以#开头，Python 将忽略它后面整行内容，也可以将注释放在一行语句的后面，这样会忽略从#开始到行尾的内容：

```
#注释: 这是一段程序
print("Hello,world!")                    #这条语句打印一段问候语
```

2. 多行注释

要添加多行注释，可以为每行开头插入一个#。也可以使用三引号将需要注释的内容括起来，即三个英文单引号(''')或三个英文双引号(""")开头和结尾来表示。例如：

```
'''
这段程序计算并打印
2 的 10 次方
'''
print(pow(2,10))
```

上面的代码中第 1 行到第 4 行都会被当成注释，被解释器忽略。

2.1.2 换行

Python 语句的书写规则如下：

（1）一般情况下，一条语句占用一行，用换行符（回车）分割；

（2）除注释语句外，其他语句必须从第一列开始，前面不能留有空格，否则会产生语法错误；

（3）一行中写多条语句时，需要用分号（；）分割；

（4）一条语句太长时，官方推荐不要超过 79 个字符，可以用续行符（\）续行。

下面是一行中多条语句和续行符的示例：

```
print("Hello"); print("Python")              #用分号分隔同一行的多条语句
print("这是一段很长很长很长\               #反斜杠\作为续行符
很长很长很长的文字")
```

但是一些特殊的数据可以放在多行而不使用续行符（\），这些数据包括三引号定义的字符串（如：""" Hello Python"""或'''Hello Python'''）、元组（用圆括号定义的数据）、列表（用方括号定义的数据）、字典（用花括号定义的数据），因为它们有清晰的开始和结束标志。

2.1.3 缩进和对齐

为了使程序完成复杂的功能，多行代码可以组成一条复合语句。复合语句由头部语句和构造体语句块组成。头部语句一般由 Python 的保留字（如 for、if、while 等）开始，构造体语句块则是从下一行开始的一行或者多行缩进代码。例如：

```
for i in range(0,10):              #for 是保留字, 它的下级语句要缩进并对齐
    print(i, end = "")
    print("的平方是",end = "")
    print(i * i)
```

这条复合语句中 for 是头部语句，下面的三行 print 语句隶属于 for 语句，是 for 语句的构造体语句，它们相对于 for 语句要进行统一宽度的缩进，一般用 tab 键缩进 4 个空格，而且要对齐。也可以缩进其他数量的空格，但同样要求对齐。

另外要注意的一个问题是，在 Python 程序中是区分大小写的，print、Print、PRINT 是不同的，误用会产生语法错误。

2.2 标识符和保留字

2.2.1 标识符

为了方便沟通和交流，人们会用不同的名称来标记不同的事物。比如苹果、香蕉等，提到这些名字就会想到相应的水果。同理，在 Python 语言中也有很多不同的数据对象，包括变量、常量、函数等，需要标识出来以便使用，这些符号或者名称就是标识符。

用户可以自己命名 Python 中的标识符,但是需要遵守一定的规则:

（1）标识符由字母、数字或者下画线组成,且不能以数字开头。例如 8af、＄100 是非法的标识符;

（2）标识符区分大小写。例如 print 和 Print 是不同的;

（3）不允许使用 Python 中的保留字作为标识符。例如 for、if、while 等,不可以作为标识符。

原则上只要符合上面规定的字符或者字符串都可以作为标识符,但是为了提高程序的可读性,建议遵守下面两条:

（1）见名知意。根据对象命名标识符,例如用 name 标识姓名、age 标识年龄等。

（2）统一命名规则。比如用下划线分割较长的标识符,或者为了提高可读性将标识符中每个单词的首字母大写等。例如 upper_words、lower_words、UpperWords、LowerWords 等都是合法且可读性较好的标识符。

2.2.2　保留字

保留字也称为关键字,是 Python 语言预先定义好的、具有特定含义的标识符,不允许用户将保留字作为自己定义的对象的标识符,否则会产生错误。Python3 中的保留字有 35 个,如表 2-1 所示。

表 2-1　Python3 关键字一览表

False	class	from	or
None	continue	global	pass
True	def	if	raise
and	del	import	return
as	elif	in	try
assert	else	is	while
async	except	lambda	with
await	finally	nonlocal	yield
break	for	not	

可以通过帮助系统查看这些保留字。进入交互式开发环境,在命令提示符 ＞＞＞ 后输入 help();回车后进入帮助系统,在系统提示符 help ＞ 后输入 keywords,回车,可以查看关键字列表,操作如下:

```
>>> help()
help > keywords
```

要查看某个关键字的帮助信息可以在 help ＞ 提示符后面输入该关键字。退出帮助系统可以在 help ＞ 提示符后输入 quit,如下:

```
help > quit
```

2.3　变量和常量

2.3.1　变量

数学中的变量是用字母表示的、值不固定的数据,程序设计中变量的概念与此类似,但可以表示任意类型的数据,而不仅仅是数值。可以把变量看成一个存储各类数据的容器,为了方便使用需要给这个容器取一个名字,即变量名。Python 定义变量的格式如下:

```
变量名 = 值
```

变量名也是一种标识符,所以它的命名要遵守标识符的命名规则。可以用 n 作为一个存储整数的变量,用 x 作为一个存储实数的变量,用 name 作为一个存储姓名的变量,用 age 作为一个存储年龄的变量等等,在程序中写成这样:

```
n = 8                    #定义变量 n, 将整数 8 存入 n 中
x = 0.05                 #定义变量 x, 将实数 0.05 存入 x 中
name = "Tony"            #定义变量 name, 将字符串"Tony", 存入 name
age = 18                 #定义变量 age, 将整数 18 存入 age
```

上面代码中定义了 n、x、name、age 四个变量,分别存储了 8、0.05、"Tony"、18 这样的一些数字和文本信息数据。变量和数据之间使用的" = "叫作赋值运算符,它把右边的值赋给左边的变量。

Python 支持在同一个赋值运算符中对多个变量赋值,变量和值用逗号分隔,上面的代码可以写成:

```
n, x, name, age = 8, 0.05,"Tony", 18
```

需要注意的是:

（1）Python 中不需要指定变量的类型。上面代码中可以把 0.05 赋值给 n,把 0.05 赋值给 name 等,这并不违反 Python 的语法规则。Python 的变量就是一个容器,可以用来存放任何类型的数据。就像现实中的容器可以存放黄金、也可以存放石头;

（2）Python 中的变量要遵守"先定义,再使用"的原则;

（3）赋值运算符不是数学中的等号,所以赋值语句不是数学中的等式。如:

```
x = 10
x = x + 8                #计算 x+8 的值重新存入变量 x 中
```

以上代码的含义是,把 10 存放到变量 x 中,然后从 x 中取出它的值(即 10)与 8 相加,得到的结果重新存放到变量 x 中去。

2.3.2　常量

和变量相对的是常量,常量是指其值一旦指定就不能再变的量,例如圆周率 π 就是一个常量。在 Python 中通常用全大写字符串来表示常量:

```
PI = 3.1415926          #定义常量
```

需要说明的是,Python 中没有严格意义的常量,用全大写字符串表示常量只是一种约定,该常量的值还是可以改变的。

2.4　基本数据类型

虽然 Python 中定义变量时不需要指定类型,但变量中存放的数据还是有类型分别的。就好比虽然容器看上去都相同,但是容器里面的物品是有分别的。只有清楚明白的了解 Python 中各种数据的性质特点,才能熟练的运用和处理它们,Python 中的数据类型包括两大类:简单数据类型和组合数据类型。简单数据类型主要包括数值型、字符串型、布尔型和空值(None)。

2.4.1　数值型

数值型数据是指那些可以进行加、减、乘、除等数学运算的数据,包括整型、浮点型和复数。

1. 整型(int)

整型即整数,包括正整数、负整数和 0,Python3 中对整数大小没有限制,只与系统内存有关,取值范围几乎可以覆盖全部整数,这样有利于大数据处理。

Python 中除了用十进制表示整数外,还可以使用二进制(在数码前面加"0b"或者"0B")、八进制(在数码前面加"0o"或者"0O")和十六进制(在数码前面加"0x"或者"0X")表示整数,例如:

```
n1 = 0b1010          #二进制数值 1010
n2 = 0o12            #八进制数值 12
n3 = 0xA             #十六进制数值 A
```

2. 浮点型(float)

即带小数位的数字,如 1.2,-3.6,.5,3. 等,其中.5 是 0.5, 3. 是 3.0。浮点数还可以用科学计数法表示,例如 5.18e3、-8.3e-2 等,例如:

```
score = 98.5
temperature = 5.18e3                #科学计数法表示 5.18x10³
```

3. 复数(complex)

由实数部分和虚数部分构成,Python 支持复数类型,虚部用字母 j 或者 J 表示,可以表示成 x + yj、x + yJ 或者 complex(x,y),如 2+3J、2-3j,complex(2,-2)等,例如:

```
cmp1 = 2 + 3j
cmp2 = complex(1, -5)
```

4. 数值运算

数值型数据支持加、减、乘、除等常见的数学运算,Python 中一共有 9 种基本的运算符,解释器能直接执行,所以也叫作内置运算符,如表 2-2 所示。

表 2-2　内置的算数运算符

算数运算符	说　明
+	加, x + y 返回 x 与 y 之和
-	减, x - y 返回 x 与 y 的差
*	乘, x * y 返回 x 与 y 的积
/	除, x / y 返回 x 除以 y 的商
//	整除, x // y 返回商的整数部分(向下取整)
%	取模, x % y 返回 x 除以 y 的余数,也称模运算
+	正, + x, 返回 x 本身
-	负, - x 返回 x 的负值
**	幂, x**y 返回 x 的 y 次幂

例 2-1:温度转换

华氏度(Fahrenheit)和摄氏度(Centigrade)都是用来计量温度的单位。世界上包括中国在内的很多国家都使用摄氏度,美国和其他一些英语国家使用华氏度。摄氏温度(℃)与华氏温度(℉)的换算关系是:C = 5 × (F - 32)/9。编写一个程序,从键盘输入一个华氏温度值,输出对应的摄氏温度值。

参考代码如下(程序文件 e201. py):

```
#例 2-1:温度转换, 文件 e201.py
f = eval(input("请输入一个华氏温度:"))
c = (f - 32) * 5 / 9
print("对应的摄氏温度为:", c)
```

5. 有关数值运算的内置函数

除了上述运算符外,还有一些常见的函数可以完成更复杂的数值运算。这些函数 Python 解释器能直接使用、不需要引入第三方库,所以叫作内置函数,比如求最大值、最小值的函数等。Python 提供多个内置函数,其中常用且跟数值操作相关的有 9 个,如表 2-3 所示。

表 2-3　常用的跟数值操作相关的内置函数(9个)

函　数	说　明
abs(x)	求 x 的绝对值
divmod(x, y)	输出(x//y, x%y)
pow(x, y[, z])	(x**y) % z, [ ] 表示参数可省,当省略时, 即 pow(x, y) 同 x**y
round(x[, n])	对 x 四舍五入操作,保留 n 位小数,当 n 省略时,返回 x 四舍五入后的整数
max(x1, x2, …, xn)	取 x1, x2, …, xn 中的最大值
min(x1, x2, …, xn)	取 x1, x2, …, xn 中的最小值
int(x)	将 x 转换为整数, x 可以是浮点数或者字符串
float(x)	将 x 转换为浮点数, x 可以是整数或者字符串
complex(r, [i])	生成一个复数,实部为 r,虚部为 i

表 2-3 中前 6 个跟数值运算相关,后面 3 个跟数值转换相关。

数值运算时可以隐式的转换运算结果的类型,例如,整数 3 和整数 2 进行除(/)运算可以产生浮点数的结果(1.5)。但是,有时候需要将浮点型转换成整型,这时就要用转换函数进行显式的转换。

浮点型转换成整型时,小数部分会被舍弃(不进行四舍五入),复数不能转换为其他数字类型,可以通过. real 和. imag 分别将实部和虚部进行转换,例如:

```
int(1.5)                    #将 1.5 强制转换成整数 1
float((3 +2j).real)         #将复数的实部转换成浮点数 3.0
```

例 2-2:最大数

日常生活中经常有选择最值的情况,如最高分、最大数等。利用上面介绍的函数,编写一个程序,从键盘输入 5 个数字(每输入一个数字用回车结束),然后找出其中最大的那个数字,并输出到屏幕。

参考代码如下(程序文件 e202. py):

```
#例 2-2: 最大数, 文件 e202.py
t1 = eval(input("请输入第 1 个数 : "))
t2 = eval(input("请输入第 2 个数 : "))
t3 = eval(input("请输入第 3 个数 : "))
t4 = eval(input("请输入第 4 个数 : "))
t5 = eval(input("请输入第 5 个数 : "))
tm = max(t1, t2, t3, t4, t5)
print("这五个数字中最大的数是 : ", tm)
```

2.4.2　字符串型

1. 字符串型

字符串型数据即文本型数据,用来表示那些不能进行数学运算的文字或者符号数据,例如姓名、性别、个人简介等。在 Python 中文本不论长短,都作为字符串类型,长的可以是一篇文章甚至一本书、短的可以是单个字符甚至是空字符。

定义字符串时可以分为单行字符串和多行字符串。定义单行字符串用一对英文单引号或者一对英文双引号括起来,定义多行字符串用一对三引号(三个英文单引号或者三个英文双引号)括起来。例如:

```
role1 ='乔峰'                        #用单引号定义字符串
role2 = "阿朱"                       #用双引号定义字符串
introduction1 ='''乔峰是丐帮帮主,      #用三个单引号定义多行字符串
擅长降龙十八掌,
后来改名萧峰, 任辽国南院大王'''
introduction2 = """阿朱是萧峰的女朋友,   #用三个双引号定义多行字符串
擅长易容术, 后来被萧峰误杀"""
print(role1, introduction1)
print(role2, introduction2)
```

2. 转义字符

在字符串中会有一些特殊的字符不容易直接表示出来,比如用单引号定义 Let's go! 这段字符串时就不太方便,这时就需要用到转义字符。转义字符是具有特定含义的字符,以反斜杠(\)开始,后跟特定的字符,表示特定的含义,例如表示换行、换页、制表符等,如表 2-4 所示。

表 2-4　Python 转义字符

转义字符	说　明
\(在行尾时)	续行符
\\	反斜杠符号
\'	单引号
\"	双引号
\a	响铃
\b	退格(Backspace)
\n	换行
\v	纵向制表符
\t	横向制表符
\r	回车
\f	换页

下面是使用转义字符输出特殊字符的例子:

```
print("let's go!")              #输出 let's go!
print('let\'s go!')             #使用转义字符输出 let's go!
print("C:\Windows\System")      #输出 C:\Windows\System
print("C:\\Windows\\System")    #输出 C:\Windows\System
print("C:\\nt\Sys")             #输出 C:\nt\Sys
```

3. 字符串操作

字符串可以进行多种操作,下面是几个基本的字符串操作符,如表 2-5 所示。

表 2-5　字符串操作符

操作符	说　明
+	字符串连接,"AB" + "CD",返回"ABCD"
*	复制字符串,"AB"*3,返回"ABABAB"
in, not in	成员运算符,判定字符串 1 是否为字符串 2 的子串,返回 True 或 False
[i]	索引,返回字符串中的第 i 个字符
[m:n]	切片,返回字符串中从索引 m 开始到 n 的子串,不包括 n
[m:n:k]	按步长切片,返回字符串中从索引 m 开始到 n 的按步长 k 切出的子串,不包括 n
R 或 r	原始字符串,所有字符串按照字面使用

(1)字符串连接符(+)实现两个字符串的连接;字符串复制符(*)实现字符串的多次复制;成员运算符(in 和 not in)判定字符串的包含关系。例如:

```
>>> "Python" + "Program"
'PythonProgram'
>>> 3 * "Ha"
'HaHaHa'
>>> "Ha" * 3
'HaHaHa'
>>> "p" in "python"
True
>>> "p" not in "python"
False
```

（2）索引（[i]）操作返回字符串中的第 i 个字符。注意，字符串第一个字符的索引值（序号）为 0，第二个字符的索引值为 1，从前向后依次递增；索引也可以使用负数，倒数第一个字符的索引值为 -1，倒数第二个字符的索引为 -2，从后向前依次递减。例如：

```
>>> "python"[2]
't'
>>> "python"[-1]
'n'
```

（3）切片（[m:n]）操作返回字符串中索引从 m 到 n 的子串，不包括 n；如果省略 m，即 [:n] 表示从 0 开始到 n 的子串，不包括 n；如果省略 n，即 [m:] 表示从 m 开始一直到最后的子串，例如：

```
>>> "python" [1:3]
'yt'
>>> "python" [:3]
'pyt'
>>> "python" [3:]
'hon'
>>> "python" [1:-2]
'yth'
```

（4）按步长切片（[m:n:k]），表示从 m 开始每隔 k 个字符取一个字符，一直到 n，不包括 n。k 可以是负值，k 取负值表示从后往前按步骤 k 切片，序号 m 对应的字符要在序号 n 对应的字符后面，否则只能返回空字符串，例如：

```
>>> "0123456789"[8:2:-2]
'864'
>>> "0123456789"[-1:2:-2]
'9753'
>>> 'abcdefghijk'[1:8:2]
'bdfh'
>>> 'abcdefghijk'[1:-2:3]
'beh'
>>> 'abcdefghijk'[9:2:-2]
'jhfd'
>>> 'abcdefghijk'[-1:2:-3]
'khe'
```

（5）原始字符串（R 或 r），以 R 或 r 开头的字符串，按照引号内字符串的原始样式输出，不进行转义，例如：

```
>>> print(R"\n Hello")
\n Hello
```

（6）字符串也可以进行比较大小的操作，两个字符串比较大小是从前到后依次比较字符串中字符对应的 Unicode 编码值的大小，直到不同的那个字符，返回 True 或者 False，例如：

```
>>> "ABC" < "ABD"
True
```

因为字符串中前两个字符相同，继续比较第三字符，"C" 的编码小于 "D" 的编码。所以返回 True。

例 2-3：拆分姓和名

一般情况下，汉族人的名字构成是"姓 + 名"，编写一个程序，从键盘输入一个的名字，分别输出这个人的姓和名，只考虑单姓的情况。输入输出示例如下：

示例①：请输入你的名字：郭靖
        您姓郭名靖
示例②：请输入你的名字：张无忌
        您姓张名无忌

参考代码如下（程序文件 e203.py）：

```
#例 2-3: 拆分姓和名, 文件 e203.py
full_name = input("请输入你的名字：")
print("您姓" +full_name[0] +"名" +full_name[1:])
```

4. 有关字符串操作的内置函数

Python 提供的内置函数中，有 6 个与字符串操作相关，如表 2-6 所示。

表 2-6   内置字符串函数

函　　数	说　　明
len(s)	返回字符串 s 的长度
str(x)	将任意类型数据 x 转换成字符串形式
chr(d)	返回 Unicode 编码 d 对应的单字符
ord(c)	返回单字符 c 对应的 Unicode 编码
hex(d)	返回整数 d 对应十六进制数的小写形式字符串
oct(d)	返回整数 d 对应八进制数的小写形式字符串

len(s) 函数返回字符串的长度，Python 中以 Unicode 字符为计数基础，中文字符和英文字符的长度都是 1 个长度单位。str(x) 函数返回 x 的字符串形式，x 可以是任意类型的数据。chr(d) 返回整数 d 对应的字符，ord(c) 返回单个字符 c 对应的 Unicode 编码，例如：

```
>>> len("Python 程序设计")
10
>>> str(3.14)
'3.14'
>>> ord('数')
25968
>>> chr(20540)
'值'
```

　　每个字符在计算机中都可以表示成一个二进制的数字,这个数字就是该字符的编码。字符串就是以编码序列的形式存储在计算机中的。ASCII 编码是计算机中一种重要的编码,但是它是针对英语设计的,世界上其他语言有许多符号不能用 ASCII 码表示,因此现代计算机系统正在逐步支持一个更大范围的编码标准,即 Unicode 编码,它覆盖了所有书写语言的字符。

　　Unicode 编码也叫统一码、万国码,是为了解决传统的字符编码方案的局限而产生的,它为每种语言中的每个字符设定了统一并且唯一的二进制编码,以满足跨语言、跨平台进行文本转换、处理的要求。Python 字符串中的字符都使用 Unicode 编码表示。

　　chr(x)函数和 ord(x)函数用于在单字符和 Unicode 编码值之间的转换。

例 2-4:统计字符个数

　　编写一个程序,从键盘输入一个单词(或句子),输出该单词(或句子)包含的字符个数。参考代码如下(程序文件 e204. py):

```
#例 2-4: 统计字符个数, 文件 e204.py
words  = input("请输入任意文字:")
wordslen  = len(words)
print("您输入的字符个数是:", wordslen)
```

例 2-5:输出星座符号

　　Unicode 编码中涵盖了世界各国语言中的符号,十二星座的 Unicode 编码分别是9800 ~ 9811,编写程序输出十二个星座的符号。参考代码如下(程序文件 e205.py):

```
#例 2-5: 输出星座符号, 文件 e205.py
print( chr(9800),chr(9801),chr(9802),chr(9803))
print( chr(9804),chr(9805),chr(9806),chr(9807))
print( chr(9808),chr(9809),chr(9810),chr(9811))
```

　　运行程序,输出结果为:

♈ ♉ ♊ ♋

♌ ♍ ♎ ♏

♐ ♑ ♒ ♓

5. 内置字符串操作方法

　　有关字符串的操作还有很多,比如查找、替换、比较、分割等,为了方便操作,Python

解释器中定义了一批专门处理字符串的函数,使用时采用"字符串.函数名( )"的形式,这种函数称为"内置字符串处理方法",与内置函数类似,任何时候可以直接使用,本书不严格区分方法与函数。

按照功能大致可以分为以下几类:字符串转换相关类、字符串对齐相关类、字符串查找替换相关类、去掉特殊字符类、字符串分隔连接类等。其中一些比较常用的方法如表 2-7 所示。

表 2-7　部分较常用的内置字符串处理方法(30 个)

方　法	说　明
str.upper( )	返回字符串 str 的副本,字符全部大写
str.lower( )	返回字符串 str 的副本,字符全部小写
str.swapcase( )	返回字符串 str 的副本,大小写进行互换
str.capitalize( )	返回字符串 str 的副本,首字母大写,其余小写
str.title( )	返回字符串 str 的副本,所有单词首字母大写
str.ljust(width)	返回字符串 str 的副本,按宽度 width,左对齐,不够宽度右边补空格
str.rjust(width)	返回字符串 str 的副本,按宽度 width,右对齐,不够宽度左边补空格
str.center(width)	返回字符串 str 的副本,按宽度 width,居中对齐,不够宽度两边补空格
str.zfill(width)	返回字符串 str 的副本,按宽度 width,右对齐,不够宽度左边补 0
str.find(t)	返回第一个字符串 t 在 str 中的位置,没有返回 − 1
str.find(t,start)	在字符串 str 中指定起始位置 start,搜索字符串 t,返回 t 的位置
str.find(t,start,end)	在字符串 str 中指定起始 start 及结束 end 位置,搜索 t,返回 t 的位置
str.rfind(t)	从字符串 str 右边开始查找 t,返回第一个 t 的位置
str.count(t)	在字符串 str 中搜索指定字符串 t,返回 t 的数量
str.replace(old,new)	返回字符串 str 的副本,用 new 替换了 old
str.replace(old,new,m)	返回字符串 str 的副本,用 new 替换了 old,替换次数为 m 次
str.strip( )	返回字符串 str 的副本,去掉了两边空格
str.lstrip( )	返回字符串 str 的副本,去掉了左边的空格
str.rstrip( )	返回字符串 str 的副本,去掉了右边的空格
str.strip(t)	返回字符串 str 的副本,去掉了两边的字符串 t
str.startswith(t)	字符串 str 是否以 t 开头,是返回 True,不是返回 False
str.endswith(t)	字符串 str 是否以 t 结尾,是返回 True,不是返回 False
str.isalnum( )	字符串 str 是否全为字母或数字,是返回 True,不是返回 False
str.isalpha( )	字符串 str 是否全字母,是返回 True,不是返回 False
str.isdigit( )	字符串 str 是否全数字,是返回 True,不是返回 False
str.islower( )	字符串 str 是否全小写,是返回 True,不是返回 False
str.isupper( )	字符串 str 是否全大写,是返回 True,不是返回 False
str.split(t)	按照指定字符串 t 分隔 str,默认以空格分隔,返回分隔后的一个列表

方　法	说　明
str.join(seq)	将序列 seq 中的元素以指定的字符 str 连接生成一个新的字符串
str.format( )	将字符串 str 格式化处理

以上函数在使用时可以查阅相关 Python 文档,这里不逐一解释。

2.4.3　布尔型(bool)

1. 布尔型

布尔型也叫逻辑类型,Python 中提供了两个布尔值来表示真或假,分别是 True(真) 和 False(假)。bool 类型是 int 类型的子类,因此布尔值可以当作整数来对待,即 True 相当于整数值 1,False 相当于整数值 0。

除了在比较运算中产生真、假结果,Python 中还会把数值 0(各种类型下的数值 0)、空字符串、空列表、特殊值 None,在判断真假时判为 False。True 和 False 是 Python 的关键字,在使用时,一定要注意首字母要大写,否则解释器会报错。

2. 比较运算

比较运算也叫关系运算,用于对数值、字符串、常量、变量或表达式的结果进行大小比较,这种比较产生一个 bool 结果。如果比较是成立的,则返回 True(真),不成立返回 False(假)。Python 中支持的比较运算符有 6 个,如表 2-8 所示。

表 2-8　Python 关系运算符

关系运算符	说　明
>	大于,3 > 2 返回 True;3 > 5 返回 False
<	小于,2 < 3 返回 True,2 < 1 返回 False
= =	等于,2 = = 2 返回 True,1 = = 2 返回 False
> =	大于等于,3 > = 2 返回 True,3 > = 5 返回 False
< =	小于等于,2 < = 2 返回 True,2 < = 1 返回 False
! =	不等于,2! = 5 返回 True,2! = 2 返回 False

3. 逻辑运算

布尔类型的变量参加逻辑运算可以产生更复杂的逻辑,Python 中提供三种逻辑运算符,它们是:逻辑与、逻辑或、逻辑非,分别用 and、or、not 表示,如表 2-9 所示。

表 2-9　Python 中的逻辑运算符

逻辑运算符	说　明
and	逻辑与运算,两个 bool 量都为真(非零),则结果才为真(非零)
or	逻辑或运算,两个 bool 量中有一个为真(非零),则结果为真(非零)
not	逻辑非运算,结果取反,not True 返回 False,not False 返回 True

Python 中的任意表达式都可以被看作是布尔类型(零或非零),可以参与逻辑运算,返回能够代表逻辑运算结果的表达式的值。逻辑运算符 and 和 or 也称作短路运算符:表达式从左向右解析,一旦结果可以确定就停止运算,例如:

```
>>> 0 or 3 or 2 or 0 or 'a'          #计算到 3 已能确定整个表达式的值
3
>>> 1 and 2 and 3 - 3 and 5          #计算到 3 - 3 已能确定整个表达式的值
0
>>> 0 or 2 and 3 + 2 or 8 and 4 and 6   #计算到 3 + 2 已能确定整个表达式的值
5
```

逻辑运算符的优先级低于关系运算符,关系运算和逻辑运算符组合起来可以表示数学中复杂的不等式,例如:x 的绝对值小于等于 1,可以写成: x >= -1 and x <= 1。

另外,Python 中支持连续比较,例如:-1 <= 0 <= 1,相当于-1 <= 0 and 0 <= 1;-3 < -2 < -1 < 0,相当于-3 < -2 and -2 < -1 and -1 < 0,即这两种写法是等效的,为了使程序有更好的可读性,建议采用后一种写法。

2.5 运算符和表达式

Python 中提供了种类丰富、功能强大的运算符,按照功能可以将运算符划分为不同的种类。前面的章节已经介绍过的有:表 2-2 算数运算符、表 2-11 比较运算符、表 2-12 逻辑运算符等。下面介绍 Python 中的其他的运算符。

2.5.1 赋值运算符

最基本的赋值运算符是等号,即" = ",在变量定义时已经用过,它的功能是把" = "右边的值赋给左边的变量。" = "右边可以是一个计算式,经过计算后把结果赋值给左边的变量。" = "可以和算数运算符组合成复合赋值运算符,Python 中的赋值运算符如表 2-10 所示。

表 2-10　赋值运算符

赋值运算符	说　明
=	等,例如 a = 5,将 5 赋值给 a
+=	加等,例如 a 的值为 5,执行 a += 3,相当于 a = a + 3,a 的值为 8
-=	减等,例如 a 的值为 5,执行 a -= 3,相当于 a = a - 3,a 的值为 2
*=	乘等,例如 a 的值为 5,执行 a *= 3,相当于 a = a * 3,a 的值为 15
/=	除等,例如 a 的值为 5,执行 a /= 2,相当于 a = a / 2,a 的值为 2.5
//=	整除等,例如 a 的值为 5,执行 a //= 2,相当于 a = a // 2,a 的值为 2
%=	取余等,例如 a 的值为 5,执行 a %= 2,相当于 a = a % 2,a 的值为 1
**=	幂等,例如 a 的值为 5,执行 a **= 2,相当于 a = a ** 2,a 的值为 25

在使用赋值运算符"="给变量赋值时,Python 还支持连续的链式赋值、解包赋值,其书写格式如下:

```
a1 = b1 = c1 = 8            #链式赋值,相当于 c1 = 8; b1 = c1; a1 = b1
(a2, b2, c2) = (2, 4, 6)    #解包赋值,相当于 a2 = 2; b2 = 4; c2 = 6
a3, b3, c3 = 1, 3, 5        #解包赋值,省略括号
```

*2.5.2　位运算符

程序中所有的数据在计算机内存中都是以二进制的形式存储的,位运算是以二进制为单位进行的运算,Python 中的位运算主要有按位左移、按位右移、按位与、按位或、按位异或、按位取反 6 种,如表 2-11 所示。

表 2-11　位运算符

位运算符	说　明
&	二进制与运算,例如 a&b
		二进制或运算,例如 a|b
^	二进制异或运算,例如 a^b
~	二进制反运算,例如 ~a,相当于 −a−1
<<	二进制左移运算,例如 a <<2
>>	二进制右移运算,例如 a >>2

2.5.3　其他运算符

Python 中还提供了一些其他种类的运算。

1. 成员运算符

判定序列中是否存在某个成员的运算符,叫做成员运算符。例如:判定"P"是不是在字符串"Python"中,可以参考表 2-10 字符串运算符。成员运算符如表 2-12 所示。

表 2-12　成员运算符

成员运算符	说　明
in	x in y,如果 x 是序列 y 的成员返回 True,否则返回 False
not in	x not in y,如果 x 不是序列 y 的成员返回 True,否则返回 False

2. 标识运算符

标识运算符比较两个对象在内存中的位置,如果指向同一块内存就表示两者是同一个对象。如表 2-13 所示。

表 2-13　Python 比较运算符

标识运算符	说　明
is	判断两个变量所引用的对象是否相同,如果相同则返回 True,否则返回 False
is not	判断两个变量所引用的对象是否不相同,如果不相同则返回 True,否则返回 False

注意,不能把 is 与比较运算符" == "混为一谈,它们有本质上的区别,== 用来比较两个变量的值是否相等,而 is 则用来比对两个变量引用的是否是同一个对象。下面的例子可以看出 is 和 == 的异同。

```
>>> a = 1
>>> b = 1.0
>>> a == b
True
>>> a is b
False
```

2.5.4　运算符的优先级

在一个表达中出现多个运算符时,Python 会根据事先设置好的优先级顺序进行计算。Python 中各种运算符的优先级由高到低次序如表 2-14 所示。

表 2-14　Python 运算符优先级

运　算　符	描　述
x[index: index]	寻址段
x[index]	下标
x. attribute	属性参考
* *	指数运算
~	二进制取反
+, -	正负号
*, /, %	乘法、除法、取余
+, -	加法与减法
<<, >>	二进制移位
&	按位与
^	按位异或
|	按位或
<, <=, >, >=,!=, ==	比较运算
is, is not	标识运算

运　算　符	描　述
in, not in	成员测试
not	逻辑"非"
and	逻辑"与"
or	逻辑"或"
lambda	Lambda 表达式

2.5.5　表达式

表达式是可以运算的程序代码,由操作数和运算符构成。常数、常量、变量甚至函数都可以作为操作数,与运算符一起构成表达式。

复杂的表达式可以通过括号,即"()"来改变表达式的执行顺序。例如,想让表达式 3 + 4*5 中的 + 先执行,可以写成(3 + 4)*5,有多重括号时,最内部的括号先执行。

表达式中运算符的执行顺序是从左向右,例如 3 + 4 + 5,先计算 3 + 4 得到结果再与 5 相加,但是赋值运算符是自右向左执行,例如 a = b = 3,会先把 3 赋给 b,再把 b 赋给 a。

2.6　格式化输出

程序处理完成后需要输出结果,使用 print()函数把结果输出到屏幕时,为了提高输出信息的可读性,需要控制输出信息的格式。Python 语言提供三种方法实现格式化输出,分别是占位符(%)方式、format()函数方式和 f-string 方式。下面分别介绍这三种方法。

2.6.1　占位符(%)

这种方式是 Python2 中使用的方法,与 C 语言的格式化方式类似,在 Python3 中也支持。因为其可读性较差,功能有限,不推荐这种方法,这里简要介绍"%d"、"%f"、"%s"三个占位符的用法。

占位符,顾名思义就是插在输出信息里占位的符号。采用如下形式,其中格式化字符串由固定文本和占位符组成:

格式字符串 %(参数列表)

1. 整数占位符

要对整数进行格式化输出可以使用整数占位符%d,%d 常见的使用方式有:

(1)%nd:整数的输出宽度是 n,若不足 n,左侧用空格补齐;

(2)%-nd:整数的输出宽度是 n,若不足 n,右侧用空格补齐;

（3）%0nd：整数的输出宽度是 n，若不足 n，左侧用 0 补齐。

观察下面 4 行代码输出整数 123 的效果，体会%d 占位符的用法。对于八进制和十六进制数的格式化输出与十进制类似，只不过把%d 替换为%o 和%x。

```
print("0123456789")                    #用于提示宽度
print("%d"%(123))
print("%10d"%(123))
print("%-10d"%(123))
print("%010d"%(123))
```

输出结果为：

```
0123456789
123
          123
123
0000000123
```

2. 浮点数占位符

对浮点数格式化输出时可以使用浮点数占位符%f，%f 常见的使用方式有：

（1）%n.mf：浮点数的输出总宽度是 n，小数位数为 m，若不足 n，左侧用空格补齐；

（2）%-n.mf：浮点数的输出总宽度是 n，小数位数为 m，若不足 n，右侧用空格补齐；

（3）%0n.mf：浮点数的输出总宽度是 n，小数位数为 m，若不足 n，左侧用 0 补齐。

观察下面代码输出圆周率 PI 的效果，体会%f 占位符的用法。另外，还有%e 或者%E 占位符，可以以科学记数法的形式输出浮点数，用法与%f 类似。

```
PI = 3.1415926
print("π =0123456789")                 #用于提示宽度
print("π =%f"%(PI))
print("π =%10.3f"%(PI))
print("π =%-10.3f"%(PI))
print("π =%010.3f"%(PI))
```

输出结果为：

```
π =0123456789
π =3.141593
π =     3.142
π =3.142
π =000003.142
```

3. 字符串占位符

字符串格式化输出最常见，使用%s 作为占位符，%s 常见的使用方式有：

（1）%ns：输出宽度是 n，若不足 n，左侧用空格补齐；

（2）%-ns：输出宽度是 n，若不足 n，右侧用空格补齐；

（3）%n.ms：输出宽度是 n，截取 m 个字符，若不足 n，左侧用空格补齐；

（4）%-n.ms：输出宽度是 n，截取 m 个字符，若不足 n，右侧用空格补齐。

观察下面代码输出字符串"abcde"的效果，体会%s 占位符的用法。

```
s ="abcde"
print("0123456789")                    #用于提示宽度
print("%10s"%(s))
print("%-10s"%(s))
print("%-10.3s"%(s))
print("%010.3s"%(s))
```

输出结果为:

```
0123456789
     abcde
abcde
abc
       abc
```

其他的占位符还有"% c"、"% o"、"% x"、"% e"、"% g"等。比如:"% c"用来格式化字符及其 ASCII 码、"% o"用来格式化无符号八进制数、"% x"(或"% X")用来格式化无符号十六进制数、"% e"(或"% E")用来格式化科学计数法表示的数值、"% g"(或"% G")根据数值的大小自动决定使用"% f"还是"% e"等,这里不做详细介绍。

2.6.2　.format( )方法

.format( )方法把字符串当成一个模板,通过传入的参数进行格式化,功能更强也更灵活,推荐使用。格式如下:

字符串样式模板.format(输出项列表)

字符串样式模板由一系列槽(即大括号"{}")组成,用{}来控制字符串模板中嵌入值出现的位置和格式。其思想是将.format( )方法中的输出项替换到字符串样式模板的槽中。例如:

```
book1 = "天龙八部"
role1 = "萧峰"
book2 = "射雕英雄传"
role2 = "郭靖"
print("小说《{}》的主人公是{}".format(book1,role1))
print("小说《{}》的主人公是{}".format(book2,role2))
```

字符串样式模板的{}中可以指定参数序号和设置格式控制信息,其完整的语法格式为:

{[序号][:[填充符][对齐符][宽度值][,][精度值][类型符]]}

其中[ ]括起来的参数都是可选参数,既可以使用,也可以不使用。各个参数的含义如下:

(1)序号:是一个 0~n 的数字,用于指定.format( )方法中的哪个参数出现在该{}中,.format( )方法参数索引值从 0 开始,若要指定序号,所有的{}必须都指定。如果省略此选项,则会根据参数列表中数据的先后顺序自动分配;

(2)填充符:单个字符,用于填充指定空白处位置;

(3)对齐符:特定符号指定对齐方式,左对齐用 <,右对齐用 >,居中对齐用^;

（4）宽度值：一个整数值，指定输出数据时所占的宽度；

（5），：如果指定，且对应的.format()的参数是整数或者浮点数，采用千位分隔符；

（6）.精度值：点（即.）跟一个整数，指定保留的小数位数，指定精度一定要同时指定浮点数类型，例如：.3f表示3位小数；

（7）类型符：指定输出数据的具体类型，d表示十进制整数，s表示字符串，f表示转换为浮点数（默认小数点后保留6位），e或E表示转换成科学计数法，b表示将十进制数自动转换成二进制，o表示将十进制数自动转换成八进制，x将十进制数自动转换成十六进制，% 显示百分比（默认显示小数点后6位）。

体会下面的例子：

```
print("{:^10s}{:^20s}{:^20s}{:^20s}".format("Rank","Name", "Wealth","Company"))
print("{:^10d}{:^20s}{: >20,.2f}M ${: >20s}".format(1, "Jeff Bezos", 191400, "Amazon"))
print("{:^10d}{:^20s}{: >20,.2f}M ${: >20s}".format(2, "Elon Mask", 165700, "Tesla"))
print("{:^10d}{:^20s}{: >20,.2f}M ${: >20s}".format(3, "Bill Gates", 129300, "Microsoft"))
```

输出结果为：

```
Rank          Name            Wealth          Company
1          Jeff Bezos      191,400.00M$            Amazon
2          Elon Mask       165,700.00M$             Tesla
3          Bill Gates      129,300.00M$          Microsoft
```

2.6.3　f-string 字符串方式

f-string 字符串是从 Python3.6 版本后加入标准库的内容，它提供了一种更为简洁高效的格式化方法，f-string 本质上是运行时计算求值的表达式，在效率上优于占位符和.format()方法，推荐使用。

f-string 使用 f 或 F 引领带槽（即{}）的字符串，其形式是：

f带槽字符串　　或：F带槽字符串

带槽字符串中的槽，即{}，标明被格式化的变量和格式，其格式为：

{变量[:[对齐符][宽度值[,]][精度值][类型符]]}

槽（{}）中“:”作为引导符，其后面部分均被省略时，内容按照默认格式输出。其他如：对齐符、宽度值、千位分隔符、精度值、类型符的设置规则与 2.6.2 .format()方法相同。

体会下面的例子：

```
print(f"{'Rank':^10s}{'Name':^20s}{'Wealth':^20s}{'Company':^20s}")
print(f"{1:^10d}{'Jeff Bezos':^20s}{191400: >20,2f}M ${'Amazon': >20s}")
print(f"{2:^10d}{'Elon Mask':^20s}{165700: >20,2f}M ${'Tesla': >20s}")
print(f"{3:^10d}{'Bill Gates':^20s}{129300: >20,2f}M ${'Microsoft': >20s}")
```

输出结果为：

```
Rank          Name            Wealth          Company
1          Jeff Bezos      191,400.00M$            Amazon
2          Elon Mask       165,700.00M$             Tesla
3          Bill Gates      129,300.00M$          Microsoft
```

*2.7 标准函数库 math

对于数值型数据,Python 提供了丰富的数学运算函数,要使用它们需要先引入函数库(或模块,本书不区分函数库和模块)。Python 环境中默认支持的函数库称为标准函数库或内置函数库,还有一种第三方的函数库,需要安装才能使用。从本节开始将会在后续的章节介绍一些常用的 Python 标准函数库。

第 1 章中绘制冰墩墩用到的 turtle 库就是 Python 的标准函数库,它提供一系列跟画图操作相关的函数。math 库也是 Python 的标准函数库,它提供有关数学运算的函数,该库提供了 4 个数学常数和 44 个函数。44 个函数分为 4 类,包括 16 个数值表示函数、8 个幂对数函数、16 个三角对数函数和 4 个高等特殊函数,分别如表 2-15、表 2-16、表 2-17、表 2-18 和表 2-19 所示。

表 2-15 math 库的数学常数(4 个)

常 数	说 明
math. e	自然对数 e,值为 2.718281828459045…
math. pi	圆周率 pi,值为 3.141592653589793…
math. inf	正无穷大
math. nan	非数标记,Not a Number

表 2-16 math 库的数值表示函数(16 个)

函 数	说 明
math. fabs(x)	返回 x 的绝对值
math. fmod(x, y)	返回 x% y(取余)
math. fsum([x, y, …])	返回无损精度的和
math. ceil(x)	返回不小于 x 的整数
math. floor(x)	返回不大于 x 的整数
math. factorial(x)	返回 x 的阶乘,如果 x 为小数或者复数,做异常(错误)处理
math. gcd(x, y)	返回 x 和 y 的最大公约数
math. frexp(x)	返回元组(m, e),满足 $x = m*2^e$
math. ldexp(x, i)	返回 $x*2^i$,是 math. frexp(x) 函数的反运算
math. modf(x)	返回 x 的小数和整数部分
math. trunc(x)	返回 x 的整数部分
math. copysign(x, y)	当 y < 0,返回 -1 乘以 x 的绝对值,否则,返回 x 的绝对值
math. isclose(x, y)	比较 x 和 y 的相似性,返回 True 或 False
math. isfinite(x)	当 x 是无穷大,返回 True,否则返回 False
math. isinf(x)	当 x 不是无穷大,返回 True;否则,返回 False
math. isnan(x)	当 x 不是数字,返回 True;否则,返回 False

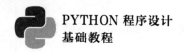
表 2-17　math 库的幂对数函数(8 个)

函　　数	说　　明
math. pow(x, y)	返回 x 的 y 次方
math. exp(x)	返回 e 的 x 次方
math. expm1(x)	返回 e 的 x 次方减 1
math. sqrt(x)	返回 x 的平方根
math. log(x[, base])	返回 x 的以 base 为底的对数,base 省略则取默认值 e
math. log1p(x)	返回 1 + x 的自然对数(以 e 为底)
math. log2(x)	返回以 2 为底的 x 的对数
math. log10(x)	返回以 10 为底的 x 的对数

表 2-18　math 库的三角函数(16 个)

函　　数	说　　明
math. degrees(x)	弧度转度
math. radians(x)	度转弧度
math. hypot(x, y)	返回坐标点(x, y)到原点(0,0)的距离
math. sin(x)	返回 x 的三角正弦值,x 是弧度值
math. asin(x)	返回 x 的反三角正弦值,x 是弧度值
math. cos(x)	返回 x 的三角余弦值,x 是弧度值
math. acos(x)	返回 x 的反三角余弦值,x 是弧度值
math. tan(x)	返回 x 的三角正切值,x 是弧度值
math. atan(x)	返回 x 的反三角正切值,x 是弧度值
math. atan2(x, y)	返回 x/y 的反三角正切值,x 是弧度值
math. sinh(x)	返回 x 的双曲正弦函数
math. asinh(x)	返回 x 的反双曲正弦函数
math. cosh(x)	返回 x 的双曲余弦函数
math. acosh(x)	返回 x 的反双曲余弦函数
math. tanh(x)	返回 x 的双曲正切函数
math. atanh(x)	返回 x 的反双曲正切函数

表 2-19　math 库的高等特殊函数(4 个)

函　　数	说　　明
math. erf(x)	高斯误差函数
math. erfc(x)	余补高斯误差函数
math. gamma(x)	伽玛(Gamma)函数
math. lgamma(x)	伽玛函数的自然对数

标准库中的函数不能直接使用,需要通过关键字 import 先引入该库,然后再使用。格式如下:

```
import math
```

然后通过"math. 函数名( )"的形式使用。例如要进行平方根运算,可以按照下面的方式引入库并使用. sqrt( )函数,如下所示:

```
import math              #使用 import 关键字引入库
math.sqrt(2)             #调用 sqrt 函数, 对 2 进行开平方运算
```

还有一种引入格式如下:

```
from math import *
```

通过这种方式引入 math 库后,可以直接使用"函数名( )"的形式调用 math 库中的函数,如下所示:

```
from math import *       #使用 from 和 import 关键字引入库
sqrt(2)                  #直接调用 sqrt 函数, 对 2 进行开平方运算
```

math 库中函数较多,学习中只需要理解函数功能即可,实际编程时可以通过查阅帮助或者本书的表 2-15 至表 2-19。

例 2-6:计算三角形面积

已知三角形的三条边的长度分别为 x, y, z,可以根据海伦公式计算三角形面积 s。海伦公式如下: $s = \sqrt{(q*(q-x)*(q-y)*(q-z))}$,其中 $q = (x+y+z)/2$。编写一个程序,从键盘输入三条边的边长 x, y, z,计算三角形面积 s 并输出。

参考代码如下(程序文件 e206. py):

```
#例 2-6: 计算三角形面积, 文件 e206.py
import math
x = eval(input("请输入三角形的第 1 条边:"))
y = eval(input("请输入三角形的第 2 条边:"))
z = eval(input("请输入三角形的第 3 条边:"))
q = (x + y + z)/2
s = math.sqrt(q * (q - x) * (q - y) * (q - z))
print("三角形的面积是:", s)
```

练习题

选择题

1. 下面哪个不是 **python** 合法的标识符(　　)。

A. int32　　　　　　B. 40XL　　　　　　C. self　　　　　　D. __name__

2. 下列哪个语句在 **Python** 中是非法的(　　)。

A. x = y = z = 1　　　B. y = 1　　　　　　C. x = 1　　　　　　D. x = 1

z = 2　　　　　　　y = 2　　　　　　y = 2

x = (y = z + 1)　　x , y = y , z　　　x += y

3. 以下关于 **Python** 数值运算描述错误的是(　　)。

A. Python 中支持 += 、% = 这样的赋值操作符

B. 默认情况下 10/3 == 3 的判定结果是 True

C. Python 内置支持复数运算,可以使用 j 或者 J 来表示

D. % 运算符表示运算对象取余数

4. 用于生成和计算出新的数值的一点代码称为(　　)。

A. 赋值语句　　　　B. 表达式　　　　　C. 生成语句　　　　D. 标识符

5. 下列运算符使用错误的是(　　)。

A. 1 + 'a'　　　　　　　　　　　　B. [1 , 2 , 3] + [4 , 5 , 6]

C. 3 * 'abc'　　　　　　　　　　　D. − 10% − 3

6. 下列不是 **Python** 语言关键字的是(　　)。

A. else　　　　　　B. print　　　　　　C. lambda　　　　D. finally

7. 下列不合法的 **Python** 变量名是(　　)。

A. Python2　　　　B. N_x　　　　　　　C. sum　　　　　　D. Hello $ World

8. 若 **a = 'abcd'**,若想将 **a** 变为 **'ebcd'**,则下列语句正确的是(　　)。

A. a[0] = 'e'　　　　　　　　　　B. replace('a' , 'e')

C. a[1] = 'e'　　　　　　　　　　D. a = 'e' + a[1:]

9. 下列赋值语句的作用,正确的描述是(　　)。

A. 变量和对象必须类型相同　　　　B. 每个赋值语句只能给一个变量赋值

C. 将变量改写为新的值　　　　　　D. 将变量绑定到对象

10. 字符串是一个字符序列,例如,字符串 **s**,从右侧向左第 **3** 个字符用(　　)索引。

A. s[3]　　　　　　　　　　　　　B. s[− 3]

C. s[0: − 3]　　　　　　　　　　D. s[: −3]

11. 在 **print** 函数的输出字符串中可以将(　　)作为参数,代表后面指定要输出的字符串。

A. % d　　　　　　B. % c　　　　　　　C. % s　　　　　　D. % t

12. 关于 **a or b** 的描述错误的是(　　)。

A. 若 a = True，b = True，则 a or b ＝＝ True

B. 若 a = True，b = False，则 a or b ＝＝ True

C. 若 a = True，b = True，则 a or b ＝＝ False

D. 若 a = False，b = False，则 a or b ＝＝ False

13. 下面优先级最高的运算符是(　　　)。

A. /　　　　　　B. //　　　　　　C. *　　　　　　D. ( )

14. 幂运算的运算符是(　　　)。

A. *　　　　　　B. **　　　　　　C. %　　　　　　D. //

15. 当需要在字符串中使用特殊字符时，python 使用(　　　)作为转义字符。

A. \　　　　　　B. /　　　　　　C. #　　　　　　D. %

16. Python3 可以利用(　　　)查看系统的关键字。

A. help( )　　　　　　　　　　B. help("keywords")

C. keyword( )　　　　　　　　　D. keywords( )

17. Python 语言语句块的标记是(　　　)。

A. 分号　　　　　B. 逗号　　　　　C. 缩进　　　　　D. /

18. 复数 **1.23e − 4 + 5.11e + 60j** 的虚部是(　　　)。

A. 1.23e　　　　B. 5.11e　　　　C. 5.11e + 60　　　D. 60

19. 下列表示 **Python** 代码注释的方法描述，正确的是(　　　)。

A. //注释　　　　　　　　　　　B. /*注释*/

C. #注释　　　　　　　　　　　D. Python 代码简洁，不需要注释

20. Python 语言语句块的标记是(　　　)。

A. 分号　　　　　B. 逗号　　　　　C. 缩进　　　　　D. /

21. 变量 a = 1，b = 2，c = 3，则表达式 **c or b and a** 的值是(　　　)。

A. 1　　　　　　B. 2　　　　　　C. 3　　　　　　D. True

22. 变量 a = 2，b = 1，表达式 **c = a and b or c**，则 **c** 的值是(　　　)。

A. 1　　　　　　B. 2　　　　　　C. True　　　　　D. 语法错误

23. 关于字符串下列说法错误的是(　　　)。

A. 字符应该视为长度为 1 的字符串

B. 字符串以 \ 0 标志字符串的结束

C. 既可以用单引号也可以用双引号创建字符串

D. 在三引号字符串中可以包含换行回车等特殊字符

24. Python 不支持的数据类型有(　　　)。

A. char　　　　B. int　　　　　C. float　　　　　D. list

25. 下列选项进行布尔测试，且结果为 **False** 的是(　　　)。

A. null　　　　B. none　　　　C. Null　　　　　D. None

上机实验

实验 1:BMI 指数

BMI 指数即身体质量指数,是国际上常用的衡量人体胖瘦程度以及是否健康的一个标准。BMI 由 19 世纪中期比利时的凯特勒最先提出。

计算公式为:BMI = 体重 ÷ 身高^2。(体重单位:千克;身高单位:米。)

中国成人正常的 BMI 应在 18.5 ~ 24 之间,如果小于 18.5 为偏轻,如果大于 24 为偏重,大于等于 28 为肥胖。

编写程序,显示 BMI 标准,然后由键盘输入体重和身高,计算 BMI 指数。

实验 2:天天向上

毛主席题词"好好学习,天天向上!"成为激励一代代中国人奋发图强的经典语录。天天向上的力量有多强大呢? 假设初始能力值为 1,每天好好学习,进步千分之一,一年(按 365 天)后能力值会变成多少? 每天放任躺平,退步千分之一,一年(按 365 天)后能力值会变成多少? 编写程序输出结果。

实验 3:打印七古

字符串定义如下:poem = "云开衡岳积阴止,天马凤凰春树里。年少峥嵘屈贾才,山川奇气曾钟此。君行吾为发浩歌,鲲鹏击浪从兹始。洞庭湘水涨连天,艟艨巨舰直东指。无端散出一天愁,幸被东风吹万里。丈夫何事足萦怀,要将宇宙看秭米。沧海横流安足虑,世事纷纭何足理。管却自家身与心,胸中日月常新美。名世于今五百年,诸公碌碌皆余子。平浪官前友谊多,崇明对马衣带水。东瀛濯剑有书还,我返自崖君去矣。"

编写程序将其按照每行一句(14 字)对齐打印出来。

实验 4:输出星期字符串

假设数字 0 ~ 6 分别对应星期日 ~ 星期六,编写一个程序,从键盘读入一个数字(0 ~ 6),输出对应的星期字符串名称。例如,输入 3 输出"星期三"。

第3章 程序的控制结构

默认情况下，程序是按照书写顺序从上到下逐行执行的，称为顺序结构，但是程序仅有顺序结构是无法解决所有问题的。因此需要引入控制结构来改变程序的执行顺序以满足多种多样的功能需求。结构化程序设计中还有另外两种基本结构：选择结构和循环结构。本章将对程序设计的三大结构进行讲解。

3.1 顺序结构

顺序结构是一种最简单的程序结构，到目前为止，前面接触到的程序都是顺序结构。第1章中求圆面积的例子就是典型的顺序结构，其结构流程图如3-1所示。

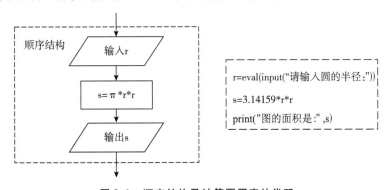

图3-1 顺序结构及计算圆周率的代码

3.2 选择结构

选择结构也称分支结构，这种结构必定包含判断条件，是一种根据判断条件的结果选择不同执行路径的结构，主要分为单分支、双分支和多分支结构。

3.2.1 单分支结构

Python 中单分支结构用 if 语句实现，其语法格式为：

```
if 判断条件:
    代码段
```

以上格式中 if 是关键字，是分支语句的开始；后面的判断条件可以是任何能够产生

True 或者 False 结果的表达式;后面的冒号不能省略;换行后是缩进的代码段,可以是一行或者多行。

执行 if 语句时,如果判断条件成立,即判断条件的值为 True,执行缩进的代码段,如果判断条件不成立,即判断条件的值为 False,跳过缩进的代码段,继续向下执行。其执行流程如图 3-2 所示。

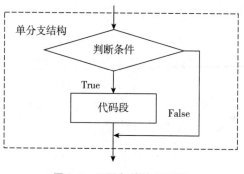

图 3-2 if 语句的执行流程

下面使用 if 语句实现一个成绩评估程序:成绩不低于 60 分的显示"考试及格",代码如下:

```
score  = 80
if score  >= 60:
    print("考试及格")
```

执行以上程序,显示"考试及格",证明程序执行了 if 语句的代码段,如果修改 score 的值为 50,再次运行代码,屏幕没有任何输出,说明程序没有执行 if 语句的代码段。

3.2.2 双分支结构

有些场景不仅要处理满足条件的情况,还要对不满足条件的情况进行处理。Python 中用 if...else 语句实现双分支结构,其语法格式为:

```
if 判断条件:
    代码段1
else:
    代码段2
```

双分支结构是在单分支结构的基础上增加了 else 关键字,else 后面的冒号同样不可以省略,换行后是缩进的代码段 2。执行时,如果判断条件成立,即表达式的值为 True,执行代码段 1,如果条件不成立,即表达式的值为 False,执行代码段 2。其执行流程如图 3-3 所示。

下面使用 if...else 语句优化考试评估程序,可以实现"考试及格"和"不及格"两种结果的输出,代码如下:

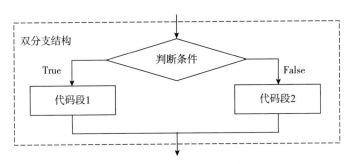

图 3-3　if...else 语句的执行流程

```
score  = 80
if score  >= 60:
    print("考试及格")
else:
    print("不及格")
```

　　执行以上程序,显示"考试及格",证明程序执行了 if 语句的代码段,如果修改 score 的值为 50,再次运行代码,显示"不及格",说明程序执行了 else 语句的代码段。

3.2.3　多分支结构

　　对于更复杂的情况,比如成绩评估时要划分优良中差 4 个等级,这时候可以使用 if... elif...else 多分支语句来实现,其语法格式为:

```
if 判断条件 1:
    代码段 1
elif 判断条件 2:
    代码段 2
elif 判断条件 3:
    代码段 3
...
else:
    代码段 n
```

　　以上格式中 if 关键字和判断条件 1 构成一个分支,每个 elif 关键字和它后面的判断条件构成其他的任意分支,else 关键字构成最后一个分支。执行 if...elif...else 语句时,如果 if 语句的判断条件 1 成立,执行代码段 1;如果不成立,检查 elif 语句的判断条件 2,如果成立,执行代码段 2,否则继续向下检查其他 elif 语句的判断条件,直至所有的判定表达式都不成立,执行 else 语句后的代码段 n。其执行流程如图 3-4 所示。

　　下面使用 if...elif...else 语句优化考试评估程序,使程序可以根据分值显示"优秀""良好""中等""不及格"这几种评估等级,评估标准为:成绩为 90 分及以上评为"优秀",成绩低于 90 分且不低于 80 分评为"良好",成绩低于 80 分且不低于 60 分为"中等",成绩低于 60 分为"不及格",代码如下:

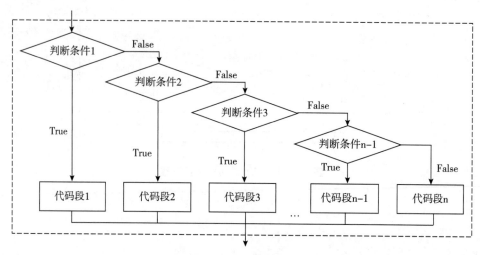

图 3-4 if…elif…else 语句的执行流程

```
score  = 85
if score  >= 90:
    print("优秀")
elif score  >= 80:
    print("良好")
elif score  >= 60:
    print("中等")
else:
    print("不及格")
```

执行以上程序,显示"良好",修改 score 的值可以输出对应的成绩评级。

3.2.4 if 语句嵌套

if 语句嵌套是指 if 语句内部包含 if 语句,下面是最简单的 if 语句嵌套格式:

```
if 判断条件 1:
    代码段 1
    if 判断条件 2:
        代码段 2
```

Python 中,if、if… else 和 if… elif… else 之间可以相互嵌套,而且可以多层嵌套。可以根据场景需要,选择合适的嵌套方案。需要注意的是,在相互嵌套时,一定要严格遵守不同级别代码块的缩进规范。

下面是一个简单的景点售票系统,根据参观人员的年龄来确定应该购买全价票、半价票,或者免票参观。假定条件为:

(1) 年龄 <12 岁,或者年龄 >=70 岁,免票参观;

(2) 12 岁 <= 年龄 <18 岁,需购买半价票,60 岁 <= 年龄 <70 岁,需购买半价票;

(3) 18 岁 <= 年龄 <60 岁,需购买全价票。

根据以上条件,编写代码实现从键盘输入参观者年龄,然后输出需要购买的票价信息。

```
age  = eval(input("请输入您的年龄："))
if age  < 12 or age  >= 70:
    print("您可以免票参观")
else:
    if 12  <= age  < 18 or 60  <= age  < 70:
        print("您需要购买半价票")
    else:
        print("您需要购买全价票")
```

当然,这个例子也可以使用 if…elif…else 多分支语句实现。

3.2.5　分支结构举例

例 3-1:货币转换

人民币和美元是世界上广泛使用的两种货币,编写一个程序进行人民币和美元的币值转换。假定人民币和美元间汇率为:1 美元 = 6.32 人民币。程序可以接受人民币或美元输入,转换为美元或人民币输出。输入时人民币用 ¥ 开头,美元以 $ 开头,符号和数值之间没有空格。输出时人民币用 ¥ 开头,美元以 $ 开头,保留两位小数,输入输出示例如下:

示例①:请输入 ¥ 或 $ 开头的数字:¥100
　　　　 $ 15.82
示例②:请输入 ¥ 或 $ 开头的数字:$ 100
　　　　 ¥ 632.00

具体程序代码如下(程序文件 e301.py):

```
#例 3-1 货币转换, 文件 e301.py
money  = input("请输入¥或 $ 开头的数字")
if money[0]  == "¥":                    #money[0] 截取输入字符串的第一个字符
    usd  = float(money[1:]) / 6.32        #用 float() 函数将子串 money[1:] 转成浮点数
    print(f"${usd:2f}")                   #采用 f-string 方式格式化输出,见 2.6.3 小节
elif money[0]  == "$":
    chd  = float(money[1:]) * 6.32
    print(f"¥{chd:2f}")
else:
    print("输入有误！")
```

例 3-2:BMI 指数

BMI 指数即身体质量指数,是国际上常用的衡量人体胖瘦程度以及是否健康的一个标准。BMI 由 19 世纪中期比利时的凯特勒最先提出。

计算公式为:BMI = 体重 ÷ 身高^2(体重单位:千克;身高单位:米)

中国成人正常的 BMI 应在 18.5 ~ 24 之间,如果小于 18.5 为偏轻,如果大于 24 为偏重,大于等于 28 为肥胖。

编写程序,由键盘输入体重和身高,计算并输出 BMI 指数,保留两位小数,并给出偏轻、正常、偏重和肥胖的建议。输入输出示例如下:

示例:输入身高(米):1.75

　　　输入体重(千克):71

　　　BMI 数值为:23.18

　　　BMI 指标为:正常

参考代码如下(程序文件 e302.py):

```python
#例 3-2: BMI 指数, 程序文件 e302.py
height  = eval(input("输入身高(米):"))
weight  = eval(input("输入体重(公斤):"))
bmi  = weight / height **2
print(f"BMI 数值为:{bmi:2f}")          #用 f-string 方式格式化输出
if bmi  < 18.5:
    status  = "偏轻"
elif bmi  <= 24:
    status  = "正常"
elif bmi  < 28:
    status  = "偏重"
else:
    status  = "肥胖"
print(f"BMI 指标为:{status}")
```

例 3-3:判断月份天数

编写程序从键盘输入年份和月份,输出当年当月有多少天。输入输出示例如下:

示例①:请输入年份:2022

　　　　请输入月份:3

　　　　2022 年 3 月有 31 天

思路:定义变量 y 和 m 分别表示年份和月份,接收用户的输入,判断天数后输出。当月份为:1、3、5、7、8、10、12 时有 31 天,为 4、6、9、11 时有 30 天。该问题的难点是 2 月份天数的确定,若输入的年份是闰年,则 2 月份有 29 天,若不是闰年则 2 月份有 28 天。所以需要判定输入的年份是不是闰年,判定年份是闰年的方法是:四年一闰,百年不闰,四百年再闰。意思就是能被 4 整除但不能被 100 整除,或能被 400 整除的年份为闰年,其余的年份都是平年。

参考代码如下(程序文件 e303.py):

```python
#例 3-3 判断月份天数, 文件 e303.py
y  = eval(input("请输入年份:"))
m  = eval(input("请输入月份:"))
if m ==1 or m ==3 or m ==5 or m ==7 or m ==8 or m ==10 or m ==12:
    print(f"{y}年{m}月有 31 天")
elif m ==4 or m ==6 or m ==9 or m ==11:
    print(f"{y}年{m}月有 30 天")
```

```
    elif m == 2:
        if y%400 == 0 or (y%4 == 0 and y%100 != 0):
            print(f"{y}年{m}月有 29 天")
        else:
            print(f"{y}年{m}月有 28 天")
    else:
        print("输入有误")
```

3.3　循环结构

循环结构是指在条件符合的情况下能够反复执行的语句代码,此处的"条件"通常称为循环条件,被反复执行的语句称为循环体。使用循环结构可以大大减少源程序重复书写的工作量。根据循环次数的确定性,循环可以分为确定次数的循环和非确定次数的循环。确定次数的循环对循环体的执行次数有明确的定义,一般用 for 语句实现。非确定次数的循环对循环体的执行次数没有明确定义,而是通过条件判断是否继续执行循环体,一般用 while 语句实现。

3.3.1　for 语句

确定次数的循环在 Python 中也被称为"遍历循环",对遍历结构中的每个元素执行一次循环体,一般用 for 语句实现。其语法格式如下:

```
for 循环变量 in 遍历结构:
    循环体
[else:
    语句块]
```

以上格式中的"遍历结构"可以是字符串、文件、range 函数或后续章节中的组合数据类型等,上面方括号中的 else 部分,当循环正常执行完毕后会执行一次,通常可以省略。其执行流程如图 3-5 所示。

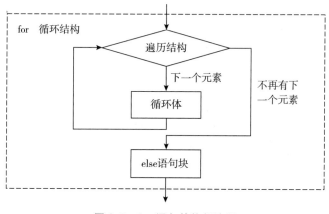

图 3-5　for 语句的执行流程

1. 遍历字符串

字符串是一个常见的可遍历结构,下面的例子使用 for 循环遍历字符串"TFSU",并打印每个字符。该程序展示了 for 循环的执行过程,代码如下:

```python
for r in "TFSU":
    print(f"循环进行中 : {r}")
else:
    print("循环正常结束")
```

输出结果为:

```
循环进行中 : T
循环进行中 : F
循环进行中 : S
循环进行中 : U
循环正常结束
```

2. for 循环与 range( ) 函数

for 循环经常与 range( ) 函数搭配使用,控制循环中代码段的执行次数。range( ) 函数返回的结果是一个整数序列的对象。range( ) 函数的语法格式如下:

```
range([start,] stop[, step])
```

range( ) 函数的参数说明如下:

(1) start:表示序列从 start 开始,start 是整数,默认是从 0 开始,例如:range(5)等价于 range(0, 5);

(2) stop:表示序列到 stop 结束,但不包括 stop,stop 是整数,例如:range(5)是产生的是 0, 1, 2, 3, 4 这样的序列对象,不包含 5;

(3) step:步长,表示序列中元素的增幅,默认为 1,可以是其他正整数或负整数,例如:range(5)等价于 range(0, 5, 1)。

下面的代码使用 for 循环将 range( ) 函数生成的整数序列中的数字逐个打印出来,观察打印结果,注意起始值、结束值和步长。

```python
for i in range(1,10,2):
    print(i, end  = " ")
```

输出结果为:

```
1 3 5 7 9
```

3.3.2 while 语句

很多循环在执行之初无法确定循环次数。Python 中使用关键字 while 来完成这种无法预先确定次数的循环任务,当条件满足时一直执行循环体,当条件不满足时退出循环。其语法格式如下:

```
while 循环条件:
    循环体
[else:
    语句块]
```

"循环条件"是任何可以判断为 True 或者 False 值的表达式,当循环条件为 True 时,执行循环体,当循环条件为 False 时,循环正常结束,执行一次 else 部分的语句块。else 部分通常可以省略,while 语句的执行流程如图 3-6 所示。

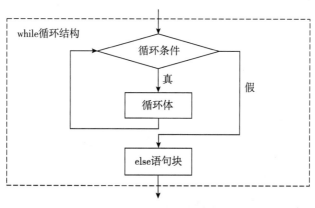

图 3-6　while 语句的执行流程

一般情况下,while 循环需要在开始之前设置循环条件的初始值,并在循环体中对循环条件进行改变,以便正常退出循环。例如下面的代码,输出 1 ~ 10 之间的偶数,该程序展示了 while 循环的执行过程。

```
even = 2
while even <= 10:
    print("循环输出偶数中：", even)
    even = even + 2
else:
    print("循环正常结束")
```

输出结果为:

```
循环输出偶数中：2
循环输出偶数中：4
循环输出偶数中：6
循环输出偶数中：8
循环输出偶数中：10
循环正常结束
```

当 while 语句的循环条件总是 True,循环将一直执行,这种情况被称为无限循环,也称为死循环。除了一些特殊情况,比如游戏的主程序,一般应该避免死循环。

3.3.3　循环嵌套

循环嵌套也叫多重循环,是指在一个循环体中包含另一个循环。处于内层的循环还可以包含其他的循环,形成三重以上的循环。

在多重循环结构中,for 语句和 while 语句可以相互嵌套,最内层循环体的执行次数是每一层循环次数的乘积,例如下面的代码外层循环次数为 3,内层循环次数为 6,则循环体执行 18(3 * 6)次。

```
n = 1
for i in range(3):
    for j in range(6):
        print(f"降龙十八掌之第{n}掌")
        n = n + 1
```

3.3.4　循环控制

循环结构在条件满足时可以一直执行,但在一些情况下,程序需要提前终止循环,跳出循环结构。Python 中有两个关键:break 和 continue 用来辅助控制循环的执行。

break 用来跳出它所在的 for 循环或者 while 循环,脱离该循环后,该循环结束,程序继续执行后续代码。

continue 语句用来结束当前当次循环,即遇到 continue 语句时,循环体中 continue 语句后面的代码被跳过,进行下一次循环。

break 语句和 continue 语句都需要与 if 语句配合使用,对比下面两段代码,体会 break 语句和 continue 语句对输出结果的影响:

break 代码段:

```
for r in "Python":
    if r == "h":
        break
    print(r, end = "")
```

输出结果为:

```
Pyt
```

continue 代码段:

```
for r in "Python":
    if r == "h":
        continue
    print(r, end = "")
```

输出结果为:

```
Python
```

由此可见,break 语句结束整个循环过程,不再进行循环条件的判断,而 continue 语句只结束本次循环,继续判断循环条件进行下次循环。

另外需要注意的是,如果循环语句中带有 else 语句块时,continue 对 else 语句没有影响,因为循环遍历了所有条件,由于条件不成立而正常退出,所以要执行一次 else 语句块。而 break 语句如果执行,则循环没有遍历所有条件而退出,属于非正常结束,所以 else 语句块不会被执行。对比下面两段代码,体会 break 语句和 continue 语句其对输出结果的影响:

带有 else 的 break 代码段:

```
for r in "Python":
    if r  == "h":
        break
    print(r, end ="")
else:
    print("正常退出")
```

输出结果为:

```
Pyt
```

带有 else 的 continue 代码段:

```
for r in "Python":
    if r  == "h":
        continue
    print(r, end ="")
else:
    print("正常退出")
```

输出结果为:

```
Python 正常退出
```

3.3.5　循环结构举例

例 3-4:输出星座符号

Unicode 编码中包含了世界各国语言中的符号,十二星座的 Unicode 编码分别是 9800 ~ 9811,编写程序输出十二个星座的符号。

在第 2 章例 2-6 中使用的方法比较麻烦,有很多重复的代码,现在使用 for 语句来实现同样效果的输出,参考代码如下(程序文件 e304.py):

```
#例 3-4: 输出星座符号, 程序文件 e304.py
n = 0                                    #变量 n 记录循环次数, 控制换行
for i in range(9800,9812):
    print(chr(i), end  = "")
    n  += 1
    if n%4  == 0:                        #控制换行, 每行输出 4 个符号
        print()                          #输出一个换行
```

运行程序,输出结果为:

♈ ♉ ♊ ♋

♌ ♍ ♎ ♏

♐ ♑ ♒ ♓

例 3-5:打印九九乘法表

请按图 3-7 所示的格式打印九九乘法表。

```
1*1=1
1*2=2    2*2=4
1*3=3    2*3=6    3*3=9
1*4=4    2*4=8    3*4=12   4*4=16
1*5=5    2*5=10   3*5=15   4*5=20   5*5=25
1*6=6    2*6=12   3*6=18   4*6=24   5*6=30   6*6=36
1*7=7    2*7=14   3*7=21   4*7=28   5*7=35   6*7=42   7*7=49
1*8=8    2*8=16   3*8=24   4*8=32   5*8=40   6*8=48   7*8=56   8*8=64
1*9=9    2*9=18   3*9=27   4*9=36   5*9=45   6*9=54   7*9=63   8*9=72   9*9=81
```

图 3-7   九九乘法表

上面的九九乘法表一共九行九列,第一行有一列、第二行有二列,依此类推,可以使用双层循环实现,外层循环控制行数,行数从 1 到 9;内层循环控制列数,列数从 1 到"行数"。为了规范输出格式,使用转义字符"\t"控制每一行中各列的输出。参考代码如下(程序文件 e305.py):

```
#例 3-5 打印九九乘法表, 程序文件 e305.py
for i in range(1,10):
    for j in range(1, i+1):
        print(f"{j}*{i} ={i*j}",end = "\t")
    print()
```

运行程序,输出结果如图 3-7 所示。

例 3-6:累加求和

累加是最常见的一类算法,就是在原有的基础上不断地加上一个新的数。比如求 $1+2+3+...+n$、求某个数列的前 n 项和等。

编写程序,求 $1+3+5+...+199$ 的值。利用 for 循环,初值设置为 1,终值设置为 200,步长为 2,参考代码如下(程序文件 e306.py):

```
#例 3-6 累加和累乘, 程序文件 e306.py
sn = 0                          #存放累加结果
for i in range(1,200,2):
    sn = sn + i
print(f"1+3+... +199 ={sn}")
```

运行程序,输出结果为:

```
1+3+... +199 =10000
```

例 3-7:素数判定

素数又称质数,指在大于 1 的自然数中,除了 1 和它本身以外不再有其他因数的自然数,否则称为合数(规定 1 既不是质数也不是合数)。

编写程序判定输入的任意一个自然数是否为素数,输入输出示例如下:

示例①:请输入一个自然数:2

　　　　2 是素数

示例②:请输入一个自然数:4

　　　　4 不是素数

判断一个数 n 是不是素数,只要依次用 2,3,4,...,n-1 作为除数去除 n,如果有一个

能被整除,则 n 不是素数,否则 n 为素数。注意输入时 0 和 1 的特殊情况。参考代码如下
(程序文件 e307.py):

```
#例 3-7: 素数判定, 程序文件 e307.py
n = int(input("请输入一个自然数"))
if n == 1 or n == 0:
    print(n,"不是素数")
else:
    k = 2
    while k < n:
        if n % k == 0:
            print(n,"不是素数")
            break
        k = k + 1
    else:
        print(n,"是素数")
```

当然,也可以用 for 循环实现,参考代码如下:

```
n = int(input("请输入一个自然数"))
if n == 1 or n == 0:
    print(n,"不是素数")
else:
    for k in range(2,k):
        if n % k == 0:
            print(n,"不是素数")
            break
    else:
        print(n,"是素数")
```

例 3-8:最大公约数

求 m 和 n 最大公约数:首先找出两个数中较小的数,记作 smaller,然后利用 for 循环
从 1 到 smaller 进行枚举试除,如果 m 和 n 能同时被该数整除,则记录下来,直到循环结
束,最后一次记录下来的数就是最大公约数。

编写程序从键盘任意输入两个整数,计算并输出这两个数的最大公约数,输入输出
示例如下:

示例①:输入第 1 个整数:96

　　　　输入第 2 个整数:54

　　　　最大公约数为 6

参考代码如下(程序文件 e308.py)。

```
#例 3-8: 最大公约数, 程序文件 e308.py
m = int(input("输入第 1 个整数:"))
n = int(input("输入第 2 个整数:"))
smaller = min(m,n)
```

```
for i in range(1,smaller +1):
    if m % i == 0 and n % i == 0:
        gcd = i
print(f"最大公约数为{gcd}")
```

*3.4 标准函数库 random

随机数在计算机中的应用十分常见,Python 内置的 random 库主要用于产生各种随机分布的伪随机数序列。之所以称为"伪随机数",是因为这些随机数是按照一定的算法产生的,其结果是确定的、可预见的。真正的随机数是无法确定且不可预见的,也就是没办法用算法产出的。

random 库中常用随机数函数有 8 个,可以根据使用场景选择使用,如随机整数、随机小数等,如表 3-1 所示。

表 3-1　random 库的常用函数(8 个)

函　　数	说　　明
random. seed(x)	设置随机数种子,x 为任意类型,省略时取当前系统时间
random. random( )	生成一个[0.0,1.0)之间的随机小数
random. randint(a, b)	生成一个[a,b]之间的随机整数
random. randrange(start, stop[, step])	生成一个[start, stop)之间以 step 为步长的随机整数
random. uniform(a, b)	生成一个[a,b]之间的随机小数
random. choice(seq)	从序列中随机返回一个元素,如从字符串中返回一个字符
random. shuffle(seq)	将序列中 seq 的元素随机排列,无返回值
random. sample(seq, k)	从序列中随机选取 k 个元素,以列表类型返回

random 库的引入方法与 math 库一样,可以采用如下两种格式之一:

```
import random
```
或
```
from random import *
```

第一种方式引入后可以通过"random. 函数名( )"的形式使用,第二种方式引入后可以通过"函数名( )"的形式使用,举例如下:

```
>>> import random
>>> random.random()
0.9875429200447657
>>> random.randint(1,10)
4
>>> from random import *
>>> random()
0.5489021363919367
>>> randint(1,10)
9
```

调用随机数函数之前可以通过 seed( ) 函数指定随机数种子,随机数种子一般是一个整数,只要种子相同,每次生成的随机数或随机序列也相同。

例 3-9:蒙特卡罗法计算 π

圆周率 π 是数学和物理学中普遍存在的常数之一,它是一个无理数,即无限不循环小数。精确求解 π 的值是几何学、物理学和很多工程学科的关键,也曾经是历史上一直难以解决的数学问题之一。

随着计算机的出现,科学家们找到了求解 π 的另类方法:蒙特卡罗(Monte Carlo)方法,又称为随机抽样方法。该方法是一类基于概率的方法的统称,不是特指一种方法。"蒙特卡罗"这个名字出自摩纳哥的蒙特卡罗赌场,是由计算机之父冯·诺依曼等人最先提出来的,后来在生物学、宏观经济学和计算物理学等领域被广泛采用。

当所要求解的问题是某种事件出现的概率,或者是某个随机变量的期望值时,可以通过某种"试验"的方法,得到这种事件出现的频率,或者这个随机变数的平均值,并作为问题的解。这就是蒙特卡罗方法的基本思想。

应用蒙特卡罗方法求解 π 的基本思路如下:有如图 3-8 所示的一个半径 r 为 1 的圆和边长为 1 的正方形,圆的面积为 π * r * r = π,正方形内部的扇形的面积是四分之一圆的面积,即 π/4,正方形的面积为 1。可以向正方形中随机抛洒"飞镖"点,只要"数出"落入扇形内部的点数,然后用它去除以总的点数,得到的比值就是扇形面积与正方形面积的比,即 π/4 比 1,从而求得 π 的值。

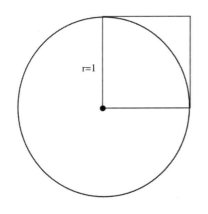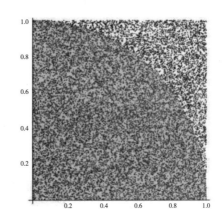

图 3-8　蒙特卡罗方法计算 π 的过程

程序通过循环来模拟抛洒随机点(x,y),x 和 y 是由 random( ) 函数生成的 [0,1] 之间的浮点数,计算该点到原点(0,0)的距离可以判定该点是在圆内(距离 <=1)还是圆外(距离 >1),然后统计落入扇形内部的点数,从而求得扇形与正方形面积的比值,进而求得 π 的值。参考代码如下(程序文件 e309.py):

```
#例 3-9:蒙特卡罗法计算 π,程序文件 e309.py
import math
import random
dots = 10000              #抛洒的总点数
num = 0                   #记录落入圆内的点数
```

```
for i in range(dots):
    x = random.random()
    y = random.random()
    dist = math.sqrt(x**2 + y**2)
    if dist <= 1.0:
        num = num + 1
pi = 4 * (num/dots)
print(f"π 的值是{pi}")
```

以上程序计算出来的 π 的值与大家熟知的 3.14159 可能相差较远,原因是 dots 数量较小,无法精确刻画面积的比例关系,可以通过增加点的数量来提高 π 的精度,当 dots 达到 2^{25} 数量级别时,π 就能达到相当的精确程度,当然程序运行时间也会相应增加不少。

*3.5 标准函数库 time

程序中经常需要与时间打交道,在 Python 中有很多与时间处理有关的模块,比如:time、datetime 以及 calendar 等。其中 time 库是最简单的处理时间的标准库。它能够获取系统时间并格式化输出,还提供系统级精确计时功能。

time 库包括三类函数:时间获取、时间格式化和程序计时,如表 3-2 所示。

表 3-2 time 库的常用函数(6 个)

函 数	说 明
time.time()	获取当前时间戳,即计算机内部时间值,浮点数
time.ctime()	获取当前时间并以易读方式表示,返回字符串
time.gmtime()	获取当前时间,表示为计算机可处理的时间格式
time.strftime(tpl, t)	展示格式化时间,tpl 是用来定义格式的模板,t 是计算机内部时间
time.sleep(s)	程序等待,s 是等待的时间,单位是秒,可以是浮点数
time.perf_counter()	程序计时,返回一个 CPU 级别的精确时间计数值,单位为秒

时间获取函数有 time()、ctime()、gmtime() 三个,time() 返回的是一个时间戳,是从 1970 年 1 月 1 日 00:00:00 开始到代码执行时的时间,单位是秒;ctime() 返回是一个便于人类识别的时间格式;gmtime() 返回一个计算机能够处理的时间格式。

时间格式化是将时间以合适方式展示出来的方法,例如,strftime() 函数,类似于字符串的格式化,展示模板由特定格式化控制符组成。

程序计时是测量动作的开始时间点和结束时间点。time 库提供了一个非常精准的测量时间函数 perf_counter(),该函数可以获取 CPU 运行时钟,是以纳秒来计算的,可以获取非常精准的时间点;sleep() 函数可以让程序休眠一段时间。

time 库的引入方法和 math 库、random 库类似,也有两种方式,格式如下:

```
      import time
或
      from time import *
```

　　第一种方式引入 time 库后可以通过"time. 函数名( )"的形式使用,注意调用时的格式,举例如下:

```
>>> import time
>>> time.time()
1646616452.8169246
>>> time.ctime()
'Mon Mar   7 09:27:41 2022'
>>> time.gmtime()
time.struct_time(tm_year =2022, tm_mon =3, tm_mday =7, tm_hour =1, tm_min =27, tm_sec =53,
tm_wday =0, tm_yday =66, tm_isdst =0)
```

　　第二种方式引入 time 库后可以通过"函数名( )"的形式使用,注意调用时的格式,举例如下:

```
>>> from time import *
>>> t = gmtime()
>>> strftime("%Y - %m - %d %H:%M:%S", t)
'2022 - 03 - 07 01:43:46'
```

　　上述代码调用 gmtime( )获取一个计算机能够处理的时间,并赋值给变量 t,通过 strftime("%Y -%m -%d %H:%M:%S", t)将 t 代表的时间转换成一个人类易于读懂的时间,其中的字符串"%Y -%m -%d %H:%M:%S" 是自定义的格式模板,%Y、%m、%d、%H、%M、%S 分别代表:年、月、日、时、分、秒,其他字符如" -"和":"都原样输出。另外还有%A 代表星期的英文全称、%a 代表星期的英文简称、%B 代表月份的英文全称、%b 代表月份的英文简称等。

```
from time import *
start = perf_counter()            #记录这条语句执行的时间点
sleep(3)                          #使程序停顿 3 秒
end = perf_counter()              #记录这条语句执行的时间点
print(end - start)
```

　　上述代码中 start 和 end 分别记录它们执行时的时间点,sleep( )函数使程序停顿一段时间,end - start 是两条语句执行的时间差。

例 3-10:模拟进度条

　　进度条是计算机处理任务时常用的增强用户体验的重要手段,它能够实时显示任务的执行进度。

　　利用循环和 print( )函数可以实现非刷新文本进度条,基本思想是按照任务执行百分比将整个任务划分为 100 的单位,每执行 n% 刷新一次进度条,即打印输出图示和百分比:

████████████ ░░ 20%

特殊字符"█"对应的 Unicode 编码为 9613,代表已经完成的部分,"░"对应的 Unicode 编码为 9617,代表未完成的部分,末尾显示完成的百分比。参考代码如下:

```
scale = 50
for i in range(scale + 1):
    a = i * chr(9613)
    b = (scale - i) * chr(9617)
    c = (i/scale)*100
    print(f"{a}{b}{c: >4.0f}%")
```

代码中,scale 表示进度条的精度,可以根据需要进行修改,由于程序执行速度超过人眼视觉停留时间,输出几乎是瞬间完成的,不利于观察,而且打印在了不同的行上。为了模拟任务的时间效果,可以在循环中增加 sleep( )函数,使得每输出一次就等待一小段时间;为了将所有的输出都打印到同一行上可以将 print( )函数的 end 参数设置为转义字符"\r"。程序代码完善如下(程序文件 e310.py):

```
#例 3-10: 模拟进度条, 程序文件 e310.py
import time
scale = 50
print("开始执行".center(scale - 4,' - '))
for i in range(scale + 1):
    a = i * chr(9613)
    b = (scale - i) * chr(9617)
    c = (i/scale)*100
    print(f"{a}{b}{c: >4.0f}%", end = "\r")
    time.sleep(0.05)
print("\n" + "执行结束".center(scale - 4,' - '))
```

需要注意的是,由于 IDLE 本身屏蔽了单行刷新功能,所以要获得刷新效果,应该在控制台方式下,使用命令执行 e310.py 程序。可以按照 1.2.2 小节中方法一所述,启动 Windows 操作系统自带的命令行工具 cmd,在控制台中输入命令:

```
python d:\ch3\e310.py
```

其中"d:\ch3\"是文件 e310.py 所在的位置。

练习题

选择题

1. 关于 Python 的分支结构, 以下选项中描述错误的是(　　)。

A. 分支结构使用 if 保留字

B. Python 中 if – else 语句用来形成二分支结构

C. Python 中 if – elif – else 语句描述多分支结构

D. 分支结构可以向已经执行过的语句部分跳转

2. 关于 Python 循环结构, 以下选项中描述错误的是(　　)。

A. Python 通过 for、while 等保留字构建循环结构

B. 遍历循环中的遍历结构可以是字符串、文件、组合数据类型和 range( ) 函数等

C. break 用来结束当前当次语句, 但不跳出当前的循环体

D. continue 只结束本次循环

3. 关于 Python 循环结构, 以下选项中描述错误的是(　　)。

A. Python 通过 for、while 等保留字提供遍历循环和无限循环结构

B. 遍历循环中的遍历结构可以是字符串、文件、组合数据类型和 range( ) 函数等

C. break 用来跳出最内层 for 或者 while 循环, 脱离该循环后程序从循环代码后继续执行

D. 每个 continue 语句都有能力跳出当前层次的循环

4. 关于分支结构, 以下选项中描述不正确的是(　　)。

A. if 语句中语句块执行与否依赖于条件判断

B. if 语句中条件部分可以使用任何能够产生 True 和 False 的语句和函数

C. 双分支结构有一种紧凑形式, 使用保留字 if 和 elif 实现

D. 多分支结构用于设置多个判断条件以及对应的多条执行路径

5. 关于结构化程序设计方法原则的描述, 以下选项中错误的是(　　)。

A. 自顶向下   B. 逐步求精

C. 多态继承   D. 模块化

6. 设 x = 10、y = 20, 下列语句能正确运行结束的是(　　)。

A. max = x > y ? x : y   B. if(x > y) print(x)

C. while True: pass   D. min = x if x < y else y

7. 下列 for 语句中, 在 in 后使用不正确的是(　　)。

```
for var in ___:
    print (var )
```

A. set('str')   B. (1)

C. [1, 2, 3, 4, 5]   D. range(0, 10, 5)

8. 下列程序共输出(　　)个值。

```
age = 23
start = 2
if age % 2 != 0:
    start = 1
for x in range(start, age + 2, 2):
    print(x)
```

    A. 10   B. 16   C. 12   D. 14

9. 下面 **if** 语句统计"成绩(score)优秀的男生以及不及格的男生"的人数,正确的语句为(　　)。

    A. if (gender == "男" and score < 60 or score >= 90): n += 1

    B. if (gender == "男" and score < 60 and score >= 90): n += 1

    C. if (gender == "男" and (score < 60 or score >= 90)): n += 1

    D. if (gender == "男" or score < 60 or score >= 90): n += 1

10. 下面 **if** 语句统计满足"性别(**gender**)为男、职称(**rank**)为教授、年龄(**age**)小于 **40** 岁"条件的人数,正确的语句为(　　)。

    A. if (gender == "男" or age < 40 and rank == "教授"): n += 1

    B. if (gender == "男" and age < 40 and rank == "教授"): n += 1

    C. if (gender == "男" and age < 40 or rank == "教授"): n += 1

    D. if (gender == "男" or age < 40 or rank == "教授"): n += 1

11. 下面 **Python** 循环体执行的次数与其他不同的是(　　)。

    A. i = 0   B. i = 10

       while(i <= 10):   while(i > 0):

           print(i)   print(i)

           i = i + 1   i = i - 1

    C. for i in range(10): print(i)   D. for i in range(10, 0, -1): print(i)

12. 下面程序段求两个数 **x** 和 **y** 中的大数,(　　)是不正确的。

    A. maxNum = x if x > y else y   B. maxNum = math. max(x, y)

    C. if (x > y): maxNum = x   D. if(y >= x): maxNum = y

                                            else: maxNum = x

13. 下面代码的输出结果是(　　)。

```
vlist = list(range(5))
print(vlist)
```

    A. [0, 1, 2, 3, 4]   B. 0 1 2 3 4

    C. 0, 1, 2, 3, 4,   D. 0;1;2;3;4;

14. 下面代码的输出结果是(　　)。

```
for i in range(10):
    if i%2 ==0:
        continue
    else:print(i, end =",")
```

A. 2,4,6,8,　　　　　　　　　　B. 0,2,4,6,8,

C. 0,2,4,6,8,10,　　　　　　　　D. 1,3,5,7,9,

15. 下面代码的输出结果是(　　　)。

```
for n in range(400,500):
    i = n // 100
    j = n // 10 % 10
    k = n % 10
    if n == i ** 3 + j ** 3 + k ** 3:
        print(n)
```

A. 407　　　　　　B. 408　　　　　　C. 153　　　　　　D. 159

16. 下面代码的输出结果是(　　　)。

```
for s in "HelloWorld":
    if s == "W":
        continue
    print(s,end = "")
```

A. Hello　　　　　B. World　　　　　C. HelloWorld　　　D. Helloorld

17. 下面代码的输出结果是(　　　)。

```
for s in "HelloWorld":
    if s == "W":
        break
    print(s,end = "")
```

A. Helloorld　　　　B. Hello　　　　　C. World　　　　　D. HelloWorld

18. 下面代码的输出结果是(　　　)。

```
sum = 1.0
for num in range(1,4):
    sum += num
print(sum)
```

A. 6　　　　　　　B. 7.0　　　　　　C. 1.0　　　　　　D. 7

19. 以下 **for** 语句结构中,(　　　)不能完成 **1~10** 的累加功能。

A. for i in range(10,0): total += i

B. for i in range(1,11): total += i

C. for i in range(10,0,-1): total += i

D. for i in (10,9,8,7,6,5,4,3,2,1): total += i

20. 以下程序,对于输入 **qa**,输出结果是(　　　)。

```
k = 0
while True:
    s = input('请输入 q 退出:')
    if s == 'q':
        k += 1
        continue
```

```
    else:
        k  += 2
    break
print(k)
```

A. 2   B. 请输入 q 退出： C. 3   D. 1

21. 以下程序的输出结果是(   )。

```
a = 30
b = 1
if a  >=10:
    a = 20
elif a >=20:
    a = 30
elif a >=30:
    b = a
else:
    b = 0
print('a ={}, b ={}'.format(a,b))
```

A. a = 20，b = 1   B. a = 30，b = 30

C. a = 20，b = 20   D. a = 30，b = 1

22. 以下程序的输出结果是(   )。

```
for i in "CHINA":
    for k in range(2):
        print(i, end ="")
        if i  =='N':
            break
```

A. CCHHIINAA   B. CCHHIIAA   C. CCHHIAA   D. CCHHIINNAA

23. 以下程序的输出结果是(   )。

```
for i in "Summer":
    if i  == "m":
        break
        print(i)
```

A. M   B. mm   C. mmer   D. 无输出

24. 以下程序的输出结果是(   )。

```
for i in "the number changes":
    if i  =='n':
        break
    else:
        print( i, end = "")
```

A. the umber chages   B. thenumberchanges

C. theumberchages   D. the

25. 以下程序的输出结果是(　　　)。

```
for i in range(3):
    for s in "abcd":
    if s =="c":
        break
    print (s,end ="")
```

A. abcabcabc

B. aaabbbccc

C. ababab

D. aaabbb

26. 以下程序的输出结果是(　　　)。

```
for num in range(1,4):
    sum * = num
print(sum)
```

A. 6

B. 7

C. 7.0

D. TypeError 出错

27. 以下程序的输出结果是(　　　)。

```
t  = "Python"
print( t if t >= "python" else "None")
```

A. Python

B. None

C. t

D. python

28. 以下程序的输出结果是(　　　)。

```
x = 10
while x:
    x  -= 1
    if not x%2:
    print(x,end ='')
else:
    print(x)
```

A. 86420

B. 864200

C. 97531

D. 975311

29. 以下代码段,不会输出"A,B,C,"的选项是(　　　)。

A. for i in range(3): print(chr(65 + i),end = ",")

B. for i in [0,1,2]: print(chr(65 + i),end = ",")

C. i = 0

　　while i < 3:

　　　print(chr(i + 65),end = ",")

　　　i += 1

　　　continue

D. i = 0

　　while i < 3:

　　　print(chr(i + 65),end = ",")

　　　break

　　　i += 1

30. 以下关于 Python 的控制结构,错误的是(　　　)。

A. 每个 if 条件后要使用冒号(:)

B. 在 Python 中,没有 switch – case 语句

C. Python 中的 pass 是空语句,一般用作占位语句

D. elif 可以单独使用

上机实验

实验 1:空气质量指数判断

空气污染是当下社会比较关注的问题,pm2.5 标准值是衡量空气污染的重要指标。我国 24 小时 pm2.5 标准如下(单位为微克/立方米):0 ~ 50 为优;50 ~ 100 为良;100 ~ 150 为轻度污染;150 ~ 200 为中度污染;200 ~ 300 为重度污染;300 以上为严重污染。

编写程序从键盘输入 PM2.5 的值,输出相应的空气质量等级。

实验 2:求阶乘

累乘和累加一样是最常见的一类算法,就是在原有的基础上不断地乘以一个新的数。比如求 1 * 2 * 3 * ... * n,编写程序从键盘输入一个整数 n(0 ~ 20),求 n! 的值,注意 0! = 1。

实验 3:斐波那契数列

斐波那契数列(Fibonacci sequence),又称黄金分割数列,指的是这样一个数列:1、1、2、3、5、8、13、21、34、……这个数列从第 3 项开始,每一项都等于前两项之和。

编写程序从键盘输入一个数字 n,输出斐波那契数列的前 n 项。

实验 4:自然常数 e

自然常数 e 可以用级数 1 + 1/1! + 1/2! + … + 1/n! 来近似计算。当通项 1/n! 的值足够小的时候,便可以忽略后面的所有项,这时计算结果就接近 e 实际值,编写程序输入一个误差范围,如:0.00001,计算出 e 的值并给出 n 的取值。

实验 5:最小公倍数

编写程序从键盘任意输入两个正整数,计算并输出这两个数的最小公倍数。

实验 6:水仙花数

水仙花数(Narcissistic number)也被称为三位自幂数,是指一个三位数,它的每个位上的数字的 3 次幂之和等于它本身,例如:$153 = 1^3 + 5^3 + 3^3$。编写程序找出所有的水仙花数字。

实验 7:猜数字

编写程序,利用随机数函数生成一个 0 ~ 99 之间的随机整数,让用户去猜。用户通过键盘输入所猜的数,如果大于计算机生成的数,提示"太大了";如果小于计算机生成的数,提示"太小了",如果猜中显示"恭喜,你猜中了!",退出游戏。限定猜数机会只有 8 次,8 次没有猜中,显示"机会用完,你没猜中!",退出游戏。

实验 8:倒计时

编写程序,利用 time 库函数实现一个在控制台倒计时读秒的程序,在程序中设定退

出时间 s 秒,程序执行后经过 s 秒退出,效果如下:

```
C:\Users\Admin>python d:\ch3\ex08.py
离程序退出还剩7秒
```

实验 9:恺撒密码

恺撒密码是古罗马恺撒大帝用来对军事情报进行加解密的算法,它采用替换方法对信息中的每一个英文字符,替换为字母表序列中该字符后面的第三个字符,字母表的对应关系如下:

原文:A B C D E F G H I J K L M N O P Q R S T U V W X Y Z

密文:D E F G H I J K L M N O P Q R S T U V W X Y Z A B C

请编写一个程序,对输入明文字符串 p,进行恺撒密码加密,然后输出密文结果 c,其中除大小写英文字母以外的标点符号、空格等不用进行加密处理。使用 input( )获得输入。输入输出示例如下:

输入明文:python is good

输出密文:sbwkrq lv jrrg

实验 10:乾坤大挪移修炼

乾坤大挪移是金庸小说《倚天屠龙记》中记载的神妙武功心法,藏于中原明教总坛昆仑山光明顶的禁地之中,乃明教镇教之宝,机缘巧合之下,被张无忌练成。

心法注明:此心法分七层,资质高者修习第一层 7 年可成,次者 14 年可成,如练至 21 年还无进展者,则不可再练下一层,以防走火入魔……秘笈作者本人只练至第六层,自古以来从无一人练成第七层。

现在假设资质高者每层心法需 7 年练成,练成后可以进入下一层;资质一般者每层心法需修炼 14 年,练成后可以进入下一层;资质差者不可以修炼此心法,或者修炼 21 年后提示不能进入下一层;进入心法第七层后,提示无人可以练成第七层。

从键盘输入修炼者资质 H(资质高)、M(资质一般)、L(资质差),模拟输出不同资质的人修炼心法的过程。

第4章 组合数据类型

处于大数据时代背景下,要描述和处理大批量、有规律的数据,光有基本数据类型是无法满足实际需求的。Python 中提供了多种组合数据类型,不仅大大提高了程序的运行效率,也简化了程序的开发工作。组合数据类型能够把多个同类型、或者不同类型的数据组合起来,为其提供统一的表示形式。本章将对 Python 中的组合数据类型进行讲解。

4.1 组合数据类型概述

组合数据类型可以将多个同类型或不同类型的数据组织起来,根据数据组织方式的不同,Python 的组合数据类型可分成三类:序列类型、集合类型和映射类型。

序列类型存储一组有序的数据元素,元素的类型可以相同也可以不同,通过索引访问序列中的指定元素。序列类型的重要特点是:元素之间有先后顺序、元素可重复出现。序列类型的典型代表是:字符串(str)、列表(list)和元组(tuple)。

集合类型存储一组数据元素,元素的类型可以相同也可以不同,但是每个元素必须是唯一的,即不能重复出现。元素之间没有先后顺序,集合类型的代表就是:集合(set)。

映射类型是"键:值"数据项的组合,每个元素是一个"键:值"对,表示为(key:value),通过"键:值"对的键可以快速获得对应的值,"键"和"值"可以是任何类型的数据,"键"不可以重复出现,"键:值"对之间没有先后顺序,映射类型的典型代表是:字典(dict)。

序列类型中的字符串(str)已经在第2章介绍过,见2.4.2小节,下面分别对列表、元组、集合和字典类型进行讲解。

4.2 列表

列表(list)是一个有序的、可变的序列,没有长度限制,可以包含任意数量的元素,允许有重复的元素。列表的长度和元素都可以改变,开发人员可以自由地对列表中的数据元素进行各种操作,包括添加、删除、修改等。

4.2.1 列表的创建

创建一个列表,需要使用方括号把逗号分隔的不同的数据项括起来,也可以通过 list()

函数把可迭代对象,如字符串、元组、集合、字典等转换成列表,例如:

```
list1  = [ ]                       #空列表
list2  = [1, 2, 3]                 #列表元素均为整型
list3  = ["乔峰", "段誉", "虚竹"]      #列表元素均为字符串
list4  = [ "TFSU", 100, 100]       #列表元素为不同类型
list5  = list( "Python")          #将字符串转成列表: ['P','y','t','h','o','n']
```

列表中的数据类型可以各不相同,可以是整数、浮点数、字符串等基本类型,也可以是列表、元组、字典、集合等组合数据类型,或者其他自定义类型数据。如果列表的元素是另外一个列表,可以看成是列表的嵌套,而且可以嵌套多层,这样形成的多层列表叫多维列表,多维列表的维度可以不同,接着上面的代码,有如下的列表定义:

```
list6  = ["郭靖", ["郭靖", "黄蓉"], list3]      #二维列表
list7  = [1, [2, 3], [4, [5, 6]]]            #三维列表
```

列表定义是通过显式的数据赋值生成新的列表对象,如果将一个列表赋值给另外一个列表,这时不会生成新的列表对象,而是产生原来列表数据的一个引用,计算机中真实存储的只是原来的那一份数据。接着上面的例子,有如下定义:

```
list8  = list3                   #使 list8 指向 list3
list9  = ["乔峰", "段誉", "虚竹"]      #生成一个新的列表
```

上面 list8 和 list3 指向的是一份数据,而 list9 则定义并生成了一份新的数据,可以通过下面的代码进行验证:

```
print(list8)                     #输出为 :["乔峰", "段誉", "虚竹"]
list3[2]  = "慕容复"              #修改 list3 中的"虚竹"为慕容复"
print(list8)                     #输出为 :["乔峰", "段誉", "慕容复"]
print(list9)                     #输出为 :["乔峰", "段誉", "虚竹"]
```

通过上面的代码,可以看到修改 list3[2]的值后,list8 的数据也跟着发生了变化,因为它们指向的是同一份数据,而 list9 不发生变化,因为 list9 指向的是自己新生成的数据。也可以用运算符"is"来测试,即 :list3 is list8 结果返回 True,list3 is list9 结果返回 Fasle。

4.2.2　列表的操作

列表是一种非常灵活的数据结构,Python 提供了多个操作符和函数来操作列表,主要有访问、更新、连接、删除、添加元素等。

1. 访问列表元素

列表中元素的序号(索引或下标)是从 0 开始的,即第 1 个元素的序号为 0,遵循正向递增的原则。也可以使用负值序号,即最后一个元素的序号为 -1,遵循反向递减的原则。例如下面是列表 list6 的序号表示,如图 4-1 所示。

要访问一个列表中某个元素时,只要在方括号中指出其下标(序号或索引)即可,例如 :list6[0]和 list6[-3]的值是"郭靖",list6[1]的值是["郭靖","黄蓉"],而要找到"黄蓉"需要多使用一个下标,即 list6[1][1],列表 list7 中使用 list7[2][1][0]则可以访问到元素 5。

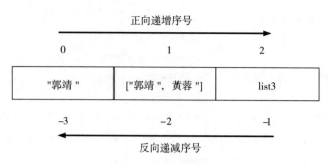

图 4-1　序列类型索引

2. 列表操作

列表可以进行连接、复制、比较、索引、切片、元素替换等操作,十分灵活。列表常见的操作如表 4-1 所示。

表 4-1　列表的常见操作

操　作	说　明
s + t	连接两个列表,例如:[1,2] + [3,4],返回[1,2,3,4]
s += t	连接并赋值,例如:s = [1,2],t = [3,4],s += t 等价于 s = s + t,返回 s = [1,2,3,4]
s * n	复制列表,例如:["A"] * 3 或者 3 * ["A"],返回['A','A','A']
s *= n	复制并赋值,例如:s = [1,2],s *= 3 等价于 s = s*3,返回 s = [1,2,1,2,1,2]
x in s	判断元素属于列表,是返回 True,否则返回 False,例如:1 in [1,2]
x not in s	判断元素不属于列表,不是返回 True,否则返回 False,例如:1 not in [1,2]
比较运算	比较运算符都可以用于列表操作,逐个对比两个列表的元素,返回 True 或 False
s[i]	索引,返回列表 s 的第 i 个元素
s[m:n]	切片,返回列表 s 中从索引 m 开始到 n 的子列表,不包括 n
s[m:n:k]	按步长切片,返回列表 s 中从索引 m 开始到 n 的以 k 为步长的子列表,不包括 n
s[i] = x	替换列表 s 的第 i 个元素为 x
s[i:j] = t	列表 s 中从第 i 到第 j 项数据(不含第 j 项,下同),被列表 t 替换
s[i:j:k] = t	列表 s 按步长切片的元素,被 t 中元素逐个替换,需要满足 len(s[i:j:k]) == len(t)
del s	删除列表 s
del s[i:j]	删除列表 s 中第 i 到第 j 项数据,等价于 s[i:j] = []
del s[i:j:k]	删除列表 s 中按照步长切片的元素

进行元素替换"s[i:j] = t"操作时,列表 s 中索引从 i 到 j 的元素将被列表 t 中的元素替换,不论 i 到 j 的元素个数与 t 中元素个数是否相同,可以看作一批连续的数据被另外一批连续的数据替换,替换后 s 的长度可能会发生变化,例如:

```
s = [0,1,2,3,4,5,6,7,8,9]
t = ["A","B","C","D"]
print("替换前的 s:",s)
s[1:3] = t                    #列表 s 中的[1,2](即子列表 s[1:3])被 t 替换
print("替换后的 s:",s)
```

输出结果为：

> 替换前的 s: [0, 1, 2, 3, 4, 5, 6, 7, 8, 9]
> 替换后的 s: [0,'A','B','C','D', 3, 4, 5, 6, 7, 8, 9]

进行"s[i: j: k] = t"的替换操作时，相当于先找出 s[i: j: k]切片操作的那一批元素，然后用 t 中的元素逐一替换，这时要求切片选出来的元素个数与列表 t 的元素个数相同，否则会出错，例如：

```
s  = [0,1,2,3,4,5,6,7,8,9,10,11,12]
t  = ["A","B","C","D"]
print("替换前的 s:",s)
print("s[1:11:3]:",s[1:11:3])       #[1, 4, 7, 10]
s[1:11:3]  = t                      #列表 t 的元素个数需要与切片得到的元素个数相同
print("替换后的 s:",s)              #s 中元素[1, 4, 7, 10]被["A","B","C","D"]逐个替换
```

输出结果为：

> 替换前的 s: [0, 1, 2, 3, 4, 5, 6, 7, 8, 9, 10, 11, 12]
> s[1:11:3]: [1, 4, 7, 10]
> 替换后的 s: [0,'A', 2, 3,'B', 5, 6,'C', 8, 9,'D', 11, 12]

除了上表中的操作之外，Python 中的一些内置函数也可以对列表进行操作，这些函数如表 4-2 所示。

表 4-2　可以操作列表的函数（5 个）

函　数	说　明
len(s)	返回列表 s 的元素个数（长度），例如: len([1,2,3,4])，返回 4
max(s)	返回列表 s 中最大元素，s 中的元素需要是可比较的同一类型
min(s)	返回列表 s 中最小元素，s 中的元素需要是可比较的同一类型
list(t)	返回 t 转换成的列表，t 可以是字符串、元组、集合、字典等可迭代对象
sorted(s)	返回列表 s 排序后的一个副本，默认升序，设置 reverse = True，则为降序，s 不变

上表中 sorted() 函数会把列表 s 的元素取出来排序后生成一个新的列表对象。例如：

```
t = list("python")
p = sorted(t)
print("执行 sorted(t)后的 t:",t)      #sorted(t)对 t 的元素排序后生成副本, 不影响 t
print("执行 sorted(t)后的 p:",p)      #p 接收 sorted(t)对 t 的元素排序后生成的副本
```

输出结果为：

> 执行 sorted(t)后的 t: ['p','y','t','h','o','n']
> 执行 sorted(t)后的 p: ['h','n','o','p','t','y']

由于列表元素可以修改的特点，列表和列表元素还有如下一些常用的列表对象方法，如表 4-3 所示。

表 4-3   常用的列表对象方法(13 个)

方 法	说 明
s. count(x)	列表 s 中出现 x 的总次数
s. index(x)	列表 s 中第一次出现 x 元素的位置
s. index(x, i)	列表 s 中从索引 i 开始第一次出现 x 元素的位置
s. index(x, i, j)	列表 s 中从索引 i 到 j 第一次出现 x 元素的位置
s. extend(t)	将列表 t 的元素追加到列表 s 尾部,等价于 s += t
s. append(x)	在列表 s 尾部增加元素 x
s. clear()	删除 s 中的所有元素
s. copy()	生成一个新列表,复制 s 中的所有元素
s. insert(i, x)	在列表 s 的第 i 位置增加元素 x
s. pop(i)	取出列表 s 中第 i 项元素,并在列表 s 删除该元素
s. remove(x)	将列表 s 中出现的第一个 x 元素删除
s. reverse()	列表 s 中的元素逆序
s. sort()	对列表 s 进行升序排列,如果设置参数 reverse = True,则为降序排列

需要注意的是,表 4-3 中 s. copy()方法会生成一个新的列表对象,即列表 s 的副本,不同于简单的列表赋值;s. sort()方法会对 s 中的元素进行排序,排序后重新存放到 s 中,区别于 sorted()函数,例如:

```
s  = [1,5,2,4,3]
q = s
t = s.copy()
print("执行 s.sort()前的 s:",s)
print("执行 s.sort()前的 q:",q)
print("执行 s.sort()前的 t:",t)
s.sort()
print(" ------- \n 执行 s.sort()后的 s:",s)    #s.sort()排序后的元素,重新存放到 s 中
print("执行 s.sort()后的 q:",q)                #q 指向 s,受 s.sort()影响
print("执行 s.sort()后的 t:",t)                #s.sort()不影响 t
```

输出结果为:

```
执行 s.sort()前的 s: [1, 5, 2, 4, 3]
执行 s.sort()前的 q: [1, 5, 2, 4, 3]
执行 s.sort()前的 t: [1, 5, 2, 4, 3]
-------
执行 s.sort()后的 s: [1, 2, 3, 4, 5]
执行 s.sort()后的 q: [1, 2, 3, 4, 5]
执行 s.sort()后的 t: [1, 5, 2, 4, 3]
```

3. 列表解析式

列表解析式是 Python 迭代机制的一种应用,可以将一个可迭代对象转换成一个列表,常用于创建新的列表。

（1）**基本语法**

列表解析式的基本语法如下：

```
[expr for var in iter_object]
```

上面语法格式中：两端的方括号［］是创建列表的语法标记；for 和 in 是循环关键字；iter_object 是一个可以迭代的对象，比如字符串、列表、元组或者 range（）函数生成的整数序列等；var 是从 iter_object 中取得的每一个元素；expr 通常是包含 var 的表达式。

用列表解析式生成列表，例如：

```
>>> [r for r in "TFSU"]
['T','F','S','U']
>>> [i * i for i in range(10)]
[0, 1, 4, 9, 16, 25, 36, 49, 64, 81]
>>> s = [100, "A", "B"]
>>> [2 * x for t in s]
[200,'AA','BB']
```

列表解析式可以用简洁的代码高效地生成包含大量数据的列表，比如要生成 1～100 的自然数的平方组成的列表，直接书写会非常麻烦，用 for 循环生成则显得有些啰唆，这时用列表解析式就非常简洁。注意对比用 for 循环和列表解析式实现相同的列表时，书写上的差别。

```
s1 = []                        #用 for 循环生成列表 s1
for i in range(1,101):
    s1.append(i * i)
print("s1:",s1)                #输出 s1
s2 = [i * i for i in range(1,101)]   #用列表解析式生成列表 s2
print("s2",s2)                 #输出 s2
```

（2）**扩展语法 - 带 if**

列表解析式中可以加入 if 判断条件，可迭代对象 iter_object 中满足条件的数据将被选出来，用于进行表达式 expr 运算，运算结果成为列表的一个元素，语法格式如下：

```
[expr for var in iter_object if cond_expr]
```

上面语法格式中 if 是关键字，cond_expr 是条件表达式，其余各项与列表解析式基本语法格式中各项的含义一样。例如，以下列表解析式生成 1～100 之间的奇数的平方组成的列表：

```
s = [i * i for i in range(1, 100) if i%2 == 1]
print(s)
```

*（3）**扩展语法 - 带 if…else**

列表解析式中还可以加入 else 与 if 配合使用，语法格式如下：

```
[expr1 if cond_expr else expr2 for var in iter_object]
```

上述语法的含义是：对于可迭代对象 iter_object 中的每一个元素 var，如果满足条件 cond_expr 则返回 expr1，否则返回 expr2，以返回的 expr1 或者 expr2 生成一个列表。例如，grade 是一个成绩列表，把其中低于 60 分高于 57 分的成绩都修改为 60 分，其余成绩

不变,用列表解析式实现:

```
grade = [50.5,92,75,57,62,58,86,78,95,100]
print("修改前:",grade)
grade = [60 if 57 <= g < 60 else g for g in grade]
print("修改后:",grade)
```

输出结果为:

```
修改前: [50.5, 92, 75, 57, 62, 58, 86, 78, 95, 100]
修改后: [50.5, 92, 75, 60, 62, 60, 86, 78, 95, 100]
```

*(4) 扩展语法——多个变量多重循环

列表解析式中可以使用两重循环,对两个可迭代对象进行迭代,语法格式如下:

```
[expr for var1 in iter_object1 for var2 in iter_object2]
```

其各项含义与基本语法中各项含义一致,例如,从字符串"ABC"和"123"各选出一个字母进行组合,生成一组新的字符串,放入一个列表中,用列表解析式实现如下:

```
s = [r+q for r in "ABC" for q in "123"]
print(s)
```

输出结果为:

```
['A1','A2','A3','B1','B2','B3','C1','C2','C3']
```

列表解析式中还可以使用两重以上的循环,对两个以上的可迭代对象进行迭代,每个 for 循环中也可以使用两个或者两个以上的变量。例如:

```
s = [(1,"a"),(2,"b"),(3,"c"),(4,"d")]
t = [i * ch for i,ch in s]                    #使用两个循环变量
print(t)
```

输出结果为:

```
['a','bb','ccc','dddd']
```

4.2.3 列表应用举例

例 4-1:生成验证码

很多网站都引入了验证码技术,防止用户利用程序自动注册、刷页、刷票、灌水、恶意破解密码等。最原始的验证码由多位随机数字或字母构成字符串,用户观察验证码后输入其中的字符,然后提交网站进行验证。

编写程序实现生成 6 位随机字符串验证码,字符串中的每个字符可以是大写字母、小写字母或者数字。

思路:根据要求,0~9 的随机数字可以使用 random 库函数 randint() 生成,字母可以先用 randint() 生成其 Unicode 编码,再用 chr() 函数转换字母,生成的随机字符用列表的 append() 方法存储到列表中。为保证每次生成字母或者数字都是随机的,可以用 0 代表生成数字、1 代表生成大写字母、2 代表生成小写字母,这里的 0、1、2 也由 randint() 随机生成。

参考代码如下(程序文件 e401.py)

```
#例 4-1: 生成验证码, 程序文件 e401.py
from random import randint
code_list = []                                      #存放随机字符
for i in range(6):
    state  = randint(0,2)                           #随机状态, 代表数字、大写字母、小写字母
    if state  == 0:
        code  = str(randint(0,9))                   #随机数字转换成字符
    elif state  == 1:
        code  = chr(randint(65,90))                 #随机数字转换成大写字母
    elif state  == 2:
        code  = chr(randint(97,122))                #随机数字转换成小写字母
    code_list.append(code)
verification_code  = "".join(code_list)             #将随机字符列表连接成字符串
print(verification_code)
```

运行程序, 每次生成一个 6 位长度的验证码, 如:12Ew1Z、3OitsI 等

例 4-2:简陋的生词本

记忆单词对于英语学习非常重要, 现实中我们会把陌生的单词记录在一个生词本上。生词本最基本的功能是添加生词和查阅生词。编写一个简易的生词本程序, 实现下面的功能:

输入 1, 显示生词, 如果生词本中没有单词, 显示"生词本为空";

输入单词, 检查单词是否在生词本中, 如果在生词本中提示是否删除, 如果不在生词本中提示是否添加;

输入 0, 退出生词本程序。

思路:题目要求生词本可以添加和删除单词, 符合列表的特性, 所以使用列表作为生词本, 方便单词的添加和删除;用成员操作符检查输入的单词是否在生词本(列表)中;用append( )方法追加单词到生词本(列表)中;用 remove( )方法删除生词本(列表)中的单词。参考代码如下(程序文件 e402.py):

```
#例 4-2: 简陋的生词本, 文件 e402.py
print("我的单词本")
print("""输入:单词, 进行添加或者删除
输入:1.显示单词表
输入:0.退出""")
word_list = []
while True:
    word = input("请输入:")
    if word == "0":
        break
    elif word == "1":
        if word_list:
            for myWord inword_list:
```

```
                        print(word_list.index(myWord), myWord)
                else:
                        print("单词表为空")
            else:
                if word in word_list:
                    choice = input("该单词已在生词本中, 需要删除吗? (Y/N )")
                    if choice in ["Y", "y"]:
                        word_list.remove(word)
                else:
                    choice = input("要加入该单词吗? (Y/N )")
                    if choice in ["Y", "y"]:
                        word_list.append(word)
```

4.3　元组

元组(tuple)也是序列类型,与列表的不同之处在于元组用圆括号创建并且其元素不能修改。一个元组可以包含任意数量的元素,允许有重复的元素,没有长度限制。

4.3.1　元组的创建

创建元组使用圆括号,并使用逗号将数据项隔开,也可以使用函数 tuple() 将一个可迭代对象,如字符串、列表、集合、字典等转换成元组。元组中的数据可以是其他类型的组合数据,如列表、集合、字典,也可以是另外的元组,下面是创建元组的例子:

```
t1 = ()                          #生成空元组
t2 = tuple()                     #生成空元组
t3 = (1, 2, 3)                   #生成整数 1, 2, 3 组成的元组
t4 = (100, "郭靖", "黄蓉")       #生成不同数据类型的元组
t5 = tuple("TFSU")               #将字符串转换成元组('T','F','S','U')
t6 = (t3, ("a", "b"))            #元组嵌套
```

当元组中只有一个元素时,要在元素后面加一个逗号,以示与括号运算符的区别,例如:

```
t = (10,)                        #t 是有一个元素 10 的元组
p = (10)                         #p 是整数 10
```

任何用逗号分隔开的数据,也会被看成元组,比如:t = 1,2,"a" 会被处理成元组 t = (1,2,"a"),为了避免歧义和提高可读性,最好避免这样的写法。

4.3.2　元组的操作

访问元组元素的方法与访问列表元素的方法相同,在方括号中标出该元素的下标(索引或序号),以上面定义的元组为例访问元组元素:

```
t4[1]                            #元素"郭靖"
t5[-2]                           #元素"S"
t6[0][2]                         #元素 3
```

元组中元素的值不允许修改,但元组整体可以进行连接、复制、删除等操作,元组元素可以进行切片、身份、比较等运算,元组常见的操作如表 4-4 所示。

表 4-4　元组的常见操作

操　作	说　明
t + p	连接两个元组,例如:(1,2) +(3,4),返回(1,2,3,4)
t += p	连接并赋值,例如:t =(1,2),p =(3,4),t +=p 等价于 t = t + p,返回 t =(1,2,3,4)
t*n	复制元组,例如:("A","B") *2 或者 2*("A","B"),返回("A","B","A","B")
t* = n	复制并赋值,例如:t =(1,2),t* = 3 等价于 t = t*3,返回 t =(1,2,1,2,1,2)
x in t	判断元素属于元组,是返回 True,否则返回 False,例如:1 in (1,2)
xnot in t	判断元素不属于元组,不是返回 True,否则返回 False,例如:1 not in (1,2)
比较运算	比较运算符都可以用于元组操作,逐个对比两个元组的元素,返回 True 或 False
t[i]	索引,返回元组 t 的第 i 个元素
t[m:n]	切片,返回元组 t 中从索引 m 开始到 n 的子元组,不包括 n
t[m:n:k]	按步长切片,返回元组 t 中从索引 m 开始到 n,以 k 为步长的子元组,不包括 n
del t	删除元组 t

以上操作与列表的操作十分相似,这里不再举例说明。除了上面的操作以外,Python还提供了一些内置函数和序列通用的方法操作元组,如表 4-5 所示。

表 4-5　可以操作元组的函数和方法(9 个)

函数或方法	说　明
len(t)	返回元组 t 的元素个数(长度),例如:len((1,2,3,4)),返回 4
max(t)	返回元组 t 中最大元素,t 中的元素需是可比较的同一类型
min(t)	返回元组 t 中最小元素,t 中的元素需是可比较的同一类型
tuple(t)	返回 t 转换成的元组,t 可以是字符串、列表、集合、字典等可迭代对象
sorted(t)	返回元组 t 排序后的一个列表,默认升序,设置 reverse = True,则为降序
t.count(x)	返回元组 t 中出现 x 的总次数
t.index(x)	返回元组 t 中第一次出现 x 元素的位置
t.index(x,i)	返回元组 t 中从索引 i 开始第一次出现 x 元素的位置
t.index(x,i,j)	返回元组 t 中从索引 i 到 j 第一次出现 x 元素的位置

元组是序列类型中比较特殊的,因为它一旦创建就不能修改,所以元组常用于固定数据项、多返回值函数、多变量同步赋值、循环遍历等情况。

4.3.3　元组应用举例

例 4-3:猜单词 1

根据给出的部分字母,猜出完整单词。计算机从单词表中随机挑选一个单词,随机挖去这个单词一半的字母,然后展示给玩家,让玩家猜出完整单词。

思路:将一组单词存入到一个元组(或列表)中,然后使用 random.choice() 函数随机选出一个单词(用变量 rand_word 表示),将这个单词(rand_word)转换成字母列表,再随

机替换其中的一半字母为"＿",然后展示这个替换后的列表组成的字符串让玩家猜。玩家输入答案与 rand_word 比较,如果不对继续猜,如果正确,提示是否继续游戏。

参考代码如下(程序文件 e403. py)

```
#例 4-3 猜单词 1, 程序文件 e403.py
import random
print( "GUESS WORD".center(40," - "))
words = ("python","game","food","easy","number","integer")   #备选单词
iscontinue = "y"
while iscontinue in ["y","Y"] :
    rand_word = random.choice(words)                   #随机选取一个单词
    n = len(rand_word)
    hint = list(rand_word)                             #将单词转成列表
    pos = list(range(0,n))                             #生成记录字母位置的列表
    random.shuffle(pos)                                #将位置序号打乱
    for i in range(n//2) :
        hint[pos[i]] = "_"                             #将 hint 列表中的字母替换成"_"
    print("Which word is this?"," ".join(hint))        #将 hint 连接成字符串输出
    answer = input()
    while answer != rand_word and answer:
        answer = input("Wrong!Try again : \n")
    if answer == rand_word:
        print("You are right!")
    iscontinue = input("Do you want to continue(Y/N) ? \n")
```

4.4 集合

集合(set)是一个无序序列,集合的元素不能重复,它的基本功能是进行成员关系测试和重复元素的删除。

4.4.1 创建集合

创建集合使用大括号{}将数据括起来,中间用逗号分隔,也可以使用 set()函数将可迭代对象,如字符串、列表、元组、字典等转换成集合。集合中可以包含 0 个或多个元素,元素类型只能是固定数据类型,例如,整数、浮点数、字符串、元组等,不可以是列表、字典和集合本身等可变数据类型。创建集合的示例如下:

```
s1 = set()                        #创建空集合, 不能用{}
s2 = {1,2,3,4,4,4}                #重复元素自动删除
s3 = set("TFSU")                  #创建集合{'F','T','U','S'}
s4 = {100,20.5,("郭靖","黄蓉")}   #元组可以作为集合的元素
```

注意创建空集合时需要使用 set()函数,不能用一对空的大括号{},因为空的大括号会创建一个空字典。

4.4.2　集合的操作

由于集合是无序组合,元素位置没有先后顺序,所以不能进行索引和切片操作。集合可以进行的基本操作是:交集(&)、差集(−)、并集(|)、补集(^),操作逻辑与数学定义相同。如图4-2所示。

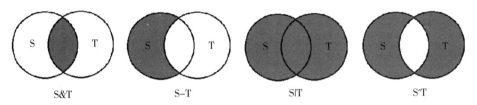

图 4-2　集合类型的 4 种基本操作

集合的基本操作可以用集合运算符实现,如表4-6所示。

表 4-6　集合类型的操作符(14 个)

操作符	说　明
S & T	返回一个新集合,包含同时在集合 S 和 T 中的元素
S &= T	更新集合 S,包含同时在集合 S 和 T 中的元素
S − T	返回一个新集合,包含在集合 S 中但不在 T 中的元素
S −= T	更新集合 S,包含在集合 S 中但不在 T 中的元素
S	T	返回一个新集合,包含集合 S 和 T 中的所有元素
S |= T	更新集合 S,包含集合 S 和 T 中的所有元素
S ^ T	返回一个新集合,包括集合 S 和 T 中的元素,但不包括同时在 S 和 T 中的元素
S ^= T	更新集合 S,包括集合 S 和 T 中的元素,但不包括同时在 S 和 T 中的元素
S <= T	如果 S 与 T 相同或 S 是 T 的子集,返回 True,否则返回 False
S < T	S 是 T 的真子集,返回 True,否则返回 False
S >= T	如果 S 与 T 相同或 S 是 T 的超集,返回 True,否则返回 False
S > T	S 是 T 的真超集,返回 True,否则返回 False
x in S	如果 x 是集合 S 的元素,返回 True,否则返回 False
x not in S	如果 x 不是集合 S 的元素,返回 True,否则返回 False

除了上面的操作以外,Python 中还有一些内置函数可以操作集合,如表4-7所示。

表 4-7　可以操作集合的内置函数(5 个)

函　数	说　明
len(S)	返回集合 S 的元素个数(长度)
max(S)	返回集合 S 中最大元素,S 中的元素需是可比较的同一类型
min(S)	返回集合 S 中最小元素,S 中的元素需是可比较的同一类型
set(t)	返回 t 转换成的集合,t 可以是字符串、列表、元组、字典等可迭代对象
sorted(S)	返回一个升序列表,其元素为集合 S 的元素,设置 reverse = True,则为降序

对应表 4-6 中集合类型的基本操作,Python 中还提供了实现相同功能的集合对象的方法,可以依照个人习惯选择使用,如表 4-8 所示。

表 4-8 集合类型的操作方法(17 个)

方 法	说 明
S. intersection(T)	等同于 S & T
S. intersection_update(T)	等同于 S &= T
S. difference(T)	等同于 S – T
S. difference_update(T)	等同于 S -= T
S. union(T)	等同于 S	T
S. update(T)	等同于 S |= T
S. symmetric_difference(T)	等同于 S ^ T
S. symmetric_difference_update(T)	等同于 S ^= T
S. issubset(T)	等同于 S <= T
S. issuperset(T)	等同于 S >= T
S. add(x)	如果数据项 x 不在集合 S 中,将 x 增加到 S
S. clear()	移除集合 S 中的所有元素
S. copy()	返回集合 S 的一个副本
S. pop()	随机返回集合 S 中的一个元素,如果 S 为空,产生异常
S. discard(x)	如果 x 在集合 S 中,移除 x,如果不在,不报错
S. remove(x)	如果 x 在集合 S 中,移除 x,如果不在,产生异常
S. isdisjoint(T)	如果集合 S 和 T 没有相同元素,返回 True

集合类型与其他类型最大的不同在于它不包含重复元素,因此,当需要对一维数据表进行"去重"处理时,可以使用集合来完成。例如,生词表中有很多单词,可能有重复单词,使用集合可以很方便的去掉重复单词,示例如下:

```
words = ["dog","cat","lion","pig","tiger","lion","wolf","pig"]    #数据有重复
print("去除重复单词前的 words:", words)
words = list(set(words))                          #先转成集合再转回列表,实现去重
print("去除重复单词后的 words:", words)
```

输出结果为:

```
去除重复单词前的 words: ['dog','cat','lion','pig','tiger','lion','wolf','pig']
去除重复单词后的 words: ['tiger','cat','pig','dog','lion','wolf']
```

4.4.3 集合应用举例

例 4-4:猜单词 1 升级版

根据给出的部分字母,猜出完整单词,增加如下要求:①扩展单词表的数量;②增加难度等级让玩家选择:简单级(去掉三分之一字母)、困难级(去掉二分之一字母)。

思路:可以将一段英文文章去掉特殊字符、转换成单词列表、用集合去掉重复单词、删除少于 2 个字母的单词,再存入到一个元组(或列表)中,这样就可以扩展单词表的数量。

使用 random. choice( )函数随机选出一个单词(用 rand_word 表示),将这个单词(rand_word)转换成字母列表。再根据玩家选择的难度,将相应数量的字母替换为"_",然后展示这个替换后的列表组成的字符串让玩家猜。玩家输入答案与 guess 比较,如果不对继续猜,如果正确,提示是否继续游戏。

参考代码如下(程序文件 e404. py):

```
#例 4-4: 猜单词 1 升级版, 程序文件 e404.py
import random
print("GUESS WORD".center(40," - "))
print("simple:1    difficult:2    quit:0".center(40," - "))
print(" - ".center(40," - "))
passage = """
I'd never given much thought to how I would die — though I'd had
reason enough in the last few months — but even if I had, I would
not have imagined it like this.
I stared without breathing across the long room, into the dark eyes
of the hunter,and he looked pleasantly back at me.Surely it was a
good way to die, in the place of someone else, someone I loved.
Noble, even.That ought to count for something.I knew that if I'd
never gone to Forks, I would not be facing death now.
But, terrified as I was, I could not bring myself to regret the decision.
When life offers you a dream so far beyond any of your expectations,
it's not reasonable to grieve when it comes to an end.
The hunter smiled in a friendly way as he sauntered forward to kill me.
"""

for ch in "',.—!":
    passage = passage.replace(ch," ")         #去掉特殊字符
word_list = list(set(passage.split()))        #去掉重复单词
words = []
for word in word_list:                        #只选择 3 个字母以上的单词
    if len(word)  >= 3:
        words.append(word)
level  = input("Your Choice:\n")
iscontinue  = "y"
while level != "0" and iscontinue in ["y","Y"]:
rand_word  = random.choice(words)
    hint  = list(rand_word)                   #将单词转成列表
    n = len(rand_word)
    pos  = list(range(0,n))                    #生成记录字母位置的列表
    random.shuffle(pos)                        #将位置序号打乱
    if level  == "1":                          #根据难度等级去掉字母
        hn = n//3
        for i in range(hn):
            hint[pos[i]]  = "_"
    print("Which word is this:"," ".join(hint))
    answer  = input()
```

```
        while answer ! = rand_word and answer:
            answer = input("Wrong!Try again:\n")
        if answer == rand_word:
            print("You are right!")
        iscontinue = input("Do you want to continue(Y/N) ? \n")
    elif level == "2":
        hn = n//2
        for i in range(hn):
            hint[pos[i]] = "_"
        print("Which word is this:"," ".join(hint))
        answer = input()
        while answer != rand_word and answer:
            answer = input("Wrong!Try again:\n")
        if answer == rand_word:
            print("You are right!")
        iscontinue = input("Do you want to continue(Y/N) ? \n")
    else:
        print("Wrong input ! \n")
    level = input("Your Choice:\n")
```

注:代码中的文章选自美国作家斯蒂芬妮·梅尔(Stephenie Meyer)所著的系列小说《暮光之城》。

4.5 字典

字典(dict)是 Python 中一种常用的可变数据类型,用于存放具有映射关系的数据,例如一个同学的成绩数据,语文:85,数学:80,英语:92。字典中的每项数据都由键(key)和值(value)成对组成,称为"键:值"对(key:value)。字典是一种效率非常高的数据结构,存储的内容甚至可以达到几十万项。

4.5.1 创建字典

创建字典用花括号将所有键值对括起来,键值对之间用逗号分隔,键和值之间用冒号分隔,语法格式如下:

```
{key1:value1, key2:value2, … }
```

创建字典时键必须是唯一的,值可以相同,创建时如果一个键被多次赋值,只保留最后一次赋值。字典也可以使用 dict( )函数创建,创建字典示例如下:

```
d1 = {}                                                      #创建空字典用{}或 dict()
d2 = {"乔峰":"天龙八部","段誉":"天龙八部","郭靖":"射雕英雄传"}  #键必须唯一,值可以重复
d3 = dict(name = "张三丰", age = 108, skill = "太极剑")        #用 dict 函数创建字典
```

字典中的键不可变,必须用不可变的数据类型充当,比如数值、字符串或者元组,不

可以是列表、集合或者字典。字典中的值可以是任何 Python 数据对象,数字、字符串、列表、元组、字典、集合都可以。

字典中"键:值"对之间没有顺序,因为键不能重复,所以可以把字典看作是元素为"键:值"对的集合,Python 设计时也考虑了它们之间的相似性,所以都用大括号定义。

4.5.2　字典的操作

字典的主要用途是通过键来查找相应的值,另外还有修改、删除、更新等操作。

1. 访问字典的值

访问字典的值可以将"键"作为"下标"放在方括号中访问对应的值,接着上面的字典定义,访问字典示例如下:

```
d2["段誉"]                #返回'天龙八部'
d3["skill"]              #返回'太极剑'
```

也可以使用 for 循环,遍历字典中的键,示例如下:

```
d2 = {"乔峰":"天龙八部","段誉":"天龙八部","郭靖":"射雕英雄传"}
for k in d2:
    print(k, d2[k])
```

输出结果为:

```
乔峰 天龙八部
段誉 天龙八部
郭靖 射雕英雄传
```

2. 修改字典

可以通过访问赋值的方法修改字典中该键对应的值,如果该键不存在则向字典中添加新的键值对。示例如下:

```
d2["郭靖"] = "神雕侠侣"        #修改'郭靖'的值为:'神雕侠侣'
d2["张无忌"] = "笑傲江湖"       #增加新的键值对：'张无忌':'笑傲江湖'
```

3. 删除操作

使用 del 可以删除字典或者字典中指定的键值对。示例如下:

```
del d3["skill"]           #删除 d3 中的键值对'skill':'太极剑'
del d1                    #删除空字典 d1
```

4. 键"包含"测试

判断字典中是否包含某个键,可以用 in(或 not in)运算符。示例如下:

```
"乔峰" in d2               #返回 True
"郭靖" not in d2           #返回 False
```

5. 方法和函数

Python 中的一些通用的内置函数可以操作字典,如表 4-9 所示。

表 4-9　常用的操作字典的内置函数(5 个)

函　数	说　明
len(d)	返回字典 d 的元素个数(长度),即键的总数
max(d)	返回字典 d 中最大的键
min(d)	返回字典 d 中最小的键
dict(k = v)	创建字典,k = v 是参数,形成 k: v 键值对,可以有多个 k = v 形式的参数,用逗号分隔
sorted(d)	返回 d 的键排序后的列表,默认升序,设置 reverse = True,则为降序

除了上表中的内置函数外,Python 还提供了非常丰富的字典对象方法来操作字典,如表 4-10 所示。

表 4-10　常用的字典对象方法(11 个)

方　法	说　明
d. keys( )	返回字典 d 所有的键信息
d. values( )	返回字典 d 所有的值信息
d. items( )	返回字典 d 所有的键值对
d. get(k, v = None)	字典 d 中存在键 k 则返回对应的值,否则返回 v 值
d. pop (k, v = None)	字典 d 中存在键 k 则返回对应的值,同时删除键值对,否则返回 v 值
d. setdefault(k, v = None)	与 get( )类似,但如果 d 中不存在键 k,会添加键 k 和值 v 到 d 中
d. popitem( )	随机取出一个键值对,以元组(k, v)形式返回,同时 d 中删除该键值对
d. clear( )	删除字典 d 中的所有元素,d 变成空字典
d. copy( )	返回字典 d 的一个副本
d1. update(d2)	把字典 d2 的键值对更新到字典 d1 中
dict. fromkeys(s, v)	创建一个新字典,以序列 s 中的元素做键,v 做值,dict 是类名

通过表 4-10 中的方法可以方便地对字典进行操作。例如,学生的成绩信息包括:学号、姓名、语文成绩、数学成绩、英语成绩。存储在字典中时可以把学号作为键,姓名和语数外三科成绩组成列表作为值放入字典中,示例如下:

```
grade_info = {"2022001":["郭靖", 85, 78, 90]}        #创建成绩字典
grade_info["2022002"] = ["黄蓉", 95, 88, 98]         #增加新的成绩数据
grade_info.setdefault("2022003", ["杨过", 88, 98, 92])  #增加新的成绩数据
for k, v in grade_info.items():                     #遍历打印
    print(k, v)
```

输出结果为:

```
2022001 ['郭靖', 85, 78, 90]
2022002 ['黄蓉', 95, 88, 98]
2022003 ['杨过', 88, 98, 92]
```

4.5.3 字典应用举例

例 4-5：猜单词 2

根据中文猜单词。计算机随机给出一个单词的中文意思，玩家根据词义写出英文单词，玩家猜错后提示错误信息并继续；猜对后显示正确信息，并询问是否继续游戏。

思路：可以将单词和词意放入字典中，以词意为键，以单词为值。然后以键生成一个词意列表，随机从字典键中挑选一个键（用变量 rand_word 表示），显示出来，让玩家猜，玩家输入的单词和字典中 rand_word 键对应的值进行比较，判断是否猜对。

参考代码如下（程序文件 e405.py）：

```
#例4-5: 猜单词2, 程序文件 e405.py
import random
print("GUESS WORD".center(40," - "))
print("Write EnglishWord , According to Chinese".ljust(40))
print(" - ".center(40," - "))
word_dict  = {'v.改变, 改动, 变更':'alter',
              'vi./n.突然发生, 爆裂':'burst',
              'vi.除掉；处置；解决；处理(of)':'dispose',
              'n.爆炸；气流 vi.炸, 炸掉':'blast',
              'v.消耗, 耗尽':'consume',
              'v.劈开；割裂；分裂 a.裂开的':'split',
              'v.吐 (唾液等 )；唾弃':'spit',
              'v.溢出, 溅出, 倒出':'spill',
              'v.滑动, 滑落；忽略':'slip',
              'v.滑动, 滑落 n.滑动；滑面；幻灯片':'slide'}        # word_dict 存放单词和词义
iscontinue  = "y"
word_meaning  = list(word_dict.keys())                         #以字典的键生成列表
while iscontinue in ["y","Y"]:
    rand_word  = random.choice(word_meaning)                   #从列表中随机选取一个
    print(f"{rand_word} \n{len(word_dict[rand_word])* '_'}")   #显示该词意和长度让玩家猜
    answer  = input()
    while answer != word_dict[rand_word] and answer != "":
        answer  = input("Wrong!Try again:\n")
    if answer  == word_dict[rand_word]:
        print("You are right!")
    iscontinue  = input("Do you want to continue(Y/N) ? \n")
```

例 4-6：修正平均分计算

2022 北京冬奥会吸引了全世界的目光，自由式滑雪项目比赛的评分规则是由 6 名裁判各自给选手打分，采取百分制，然后去掉最高分和最低分，再计算出剩余 4 名裁判所给分数的平均分数，保留两位小数，叫做修正平均分，就是通常所说的得分。6 名裁判给 12 位进入决赛的选手打分如下：

德国选手萨布里娜·卡克马克利：85,87,80,83,84,85
美国选手卡莉·马古利斯：78,82,80,79,83,81
中国选手谷爱凌：91,96,95,93,97,94

中国选手李方慧:86,87,88,86,89,84

中国选手张可欣:86,85,88,84,86,82

美国选手汉娜·福尔哈伯:80,79,83,84,86,82

美国选手布丽塔·西戈尼:87,88,86,85,87,80

加拿大选手埃米·弗雷泽:91,88,86,85,87,90

加拿大选手雷切克·卡克:87,88,86,89,90,84

加拿大选手凯西·夏普:88,84,86,86,85,87

英国选手佐伊·阿特金:87,88,84,86,90,91

爱沙尼亚选手凯莉·西尔达鲁:85,87,82,86,89

编写程序,请根据评分表计算选手的得分(修正平均分),并按照得分由高到低输出选手姓名和得分。

思路:使用字典(用 score_info 表示)存储每名选手的信息,选手名字作为 score_info 的键,裁判的打分存到一个列表中作为 score_info 的值。去掉最高分和最低分后,score_info 中存储的是选手名字和 4 个分数列表组成的键值对。再将 4 个分数求得的平均值和选手名字作为一个元素,追加到一个新列表(用 score_rank 表示)中,对 score_rank 按照降序排列,然后逐个输出。

参考代码如下(程序文件 e406.py):

```
#例 4-6: 修正平均分计算, 程序文件 e406.py
score_info = { "德国选手萨布里娜·卡克马克利":[85, 87, 80, 83, 84, 85],
"美国选手卡莉·马古利斯":[78, 82, 80, 79, 83, 81],
"中国选手谷爱凌":[91, 96, 95, 93, 97, 94],
"中国选手李方慧":[86, 87, 88, 86, 89, 84],
"中国选手张可欣":[86, 85, 88, 84, 86, 82],
"美国选手汉娜·福尔哈伯":[80, 79, 83, 84, 86, 82],
"美国选手布丽塔·西戈尼":[87, 88, 86, 85, 87, 80],
"加拿大选手埃米·弗雷泽":[91, 88, 86, 85, 87, 90],
"加拿大选手雷切克·卡克":[87, 88, 86, 89, 90, 84],
"加拿大选手凯西·夏普":[88, 84, 86, 86, 85, 87],
"英国选手佐伊·阿特金":[87, 88, 84, 86, 90, 91],
"爱沙尼亚选手凯莉·西尔达鲁":[85, 87, 82, 86, 89, 84]}
score_rank = []                                    #用于存储得分和选手名字
for k,v in score_info.items():
    v.remove(max(v))                               #去掉最高分
    v.remove(min(v))                               #去掉最低分
    score_rank.append([sum(v)/len(v),k])           #得分和名字作为列表的一个元素
score_rank.sort(reverse = True)                    #将 score_rank 中的元素降序排列
print(f"{'Rank':^8s}{'Score':^10s}{'Name': <20s}")
for i in range(len(score_rank)):                   #找到选手名字的起始位置
    pos = score_rank[i][1].find("手")
    print(f"{i+1:^8d}{score_rank[i][0]:^10.2f}{score_rank[i][1][pos+1:]: <20s}")
```

运行程序,输出结果为:

Rank	Score	Name
1	94.50	谷爱凌

2	87.75	佐伊·阿特金
3	87.75	埃米·弗雷泽
4	87.50	雷切克·卡克
5	86.75	李方慧
6	86.25	布丽塔·西戈尼
7	86.00	凯西·夏普
8	85.50	凯莉·西尔达鲁
9	85.25	张可欣
10	84.25	萨布里娜·卡克马克利
11	82.25	汉娜·福尔哈伯
12	80.50	卡莉·马古利斯

*4.6　标准函数库 turtle

Python 标准函数库中有一个直观有趣的图形绘制函数库,用其中的函数可以绘制出令人印象深刻的图形,它就是 turtle(海龟)库。用 turtle 库绘图也称海龟绘图,可以想象成一只海龟(带着一支笔)在屏幕上来回移动,它爬行的轨迹形成了绘制的图形。

海龟绘图有一个基本框架:每次开始绘制时,小海龟都出现在画布的正中央,位置是 (0,0),朝向是 x 轴正方向,画布采用直角坐标体系。对于小海龟来说,它有前进、后退、左转、右转等行为,如图 4-3 所示。

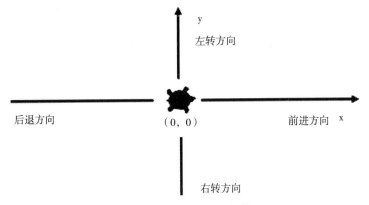

图 4-3　turtle 库绘图坐标体系

绘图前可以通过下面的方法设置画笔的属性,如表 4-11 所示。

表 4-11　turtle 库设置绘图属性的常用函数(10 个)

函　　数	说　　明
turtle. pensize(d)	设置画笔的宽度,d 是像素,取整数
turtle. pencolor(s)	设置画笔颜色,s 是颜色字符串:"red"、"blue"或"#xxxxxx",x 是 16 进制数
turtle. pencolor(r, g, b)	设置画笔颜色,r、g、b 取值 [0,1.0] 的小数
turtle. speed(speed)	设置画笔移动速度,取[0,10]的整数,1 最慢,1 到 10 速度逐渐增加,0 最快
turtle. fillcolor(s)	绘制图形的填充颜色,参数 s 同 turtle. pencolor(s)
turtle. color(s1, s2)	同时设置 pencolor = s1,fillcolor = s2,s1、s2 参数同 turtle. pencolor(s) 的 s

PYTHON 程序设计
基础教程

续表

函 数	说 明
turtle. hideturtle( )	隐藏画笔
turtle. showturtle( )	显示画笔
turtle. clear( )	清空窗口,但是 turtle 画笔的位置和状态不会改变
turtle. done( )	海龟绘图程序的最后一个语句

设置画笔宽度也可以用 turtle. width( ),与 turtle. pensize(d)等效。

turtle. pencolor( )函数设置画笔颜色时可以使用颜色字符串,也可以使用(r,g,b)三数字元组模式,默认情况下,r、g、b 取值范围为 0 ~ 1.0 之间的小数,如果设置颜色模式函数 turtle. colormode( )的参数为 255,则 r、g、b 取值 0 ~ 255 之间的整数。

turtle. fillcolor(s)函数是用来设置图形的填充颜色。

turtle. color(s1,s2)函数可以同时设置画笔颜色和填充颜色,如果只设置一个颜色参数,则画笔颜色和填充颜色一样

操控画笔动作的常用方法如表 4-12 所示。

表 4-12 turtle 库设置控制画笔动作的常用函数(15 个)

函 数	说 明
turtle. pendown( )	画笔落下准备绘制,默认为画笔落下状态
turtle. penup( )	提起画笔,用于另起一个地方绘制
turtle. forward(d)	向当前画笔方向移动 d 像素长度
turtle. backward(d)	向当前画笔相反方向移动 d 像素长度
turtle. right(degree)	顺时针转动 degree 度
turtle. left(degree)	逆时针移动 degree 度
turtle. goto(x, y)	将画笔移动到坐标为 x, y 的位置
turtle. circle(r)	画圆,半径 r 为正(负),圆心在画笔的左边(右边)画圆
turtle. circle(r, angle)	半径 r 为正(负),圆心在画笔的左边(右边)绘制角度为 angle 的弧
turtle. begin_fill( )	准备开始填充图形
turtle. end_fill( )	填充完成
turtle. setx(x)	将当前 x 轴移动到指定位置
turtle. sety(y)	将当前 y 轴移动到指定位置
turtle. seth(to_angle)	设置当前朝向为 angle 角度
turtle. dot(r, color)	绘制一个指定直径和颜色的圆点

注意,上表中的一些函数有等效函数,例如:turtle. pendown( )的等效函数有 turtle. pd( )和 turtle. down( );turtle. penup( )的等效函数有 turtle. pu( )和 turtle. up( );turtle. forward( )的等效函数是 turtle. fd( );turtle. backward( )的等效函数有 turtle. back( )和 turtle. bk( );turtle. goto( )的等效函数有 turtle. setpos( )和 turtle. setposition( );turtle. seth( )和 turtle. setheading( )等效等。

使用 turtle 绘图前先引入 turtle 库,格式如下:

```
import turtle
或
from turtle import *
```

第一种方式引入 turtle 库后可以通过"turtle. 函数名( )"的形式使用,注意调用时的格式,举例如下:

```
>>> import turtle
>>> turtle.circle(100)
```

第二种方式引入 turtle 库后可以通过"函数名( )"的形式使用,注意调用时的格式,举例如下:

```
>>> from turtle import *
>>> circle(100,90)
```

例 4-7:绘制蟒蛇

英文单词 python 是蟒蛇的意思,现在就用 Python 的 turtle 绘制一条蟒蛇吧。

参考代码如下(程序文件 e407.py)

```
#例 4-7: 绘制蟒蛇, 程序文件 e407.py
import turtle
turtle.setup(650, 350, 200, 200)              #设置窗口大小和位置
turtle.penup()
turtle.fd( - 250)
turtle.pendown()
turtle.pensize(20)
turtle.pencolor( "purple")
turtle.seth( - 40)
for i in range(4):
    turtle.circle(40, 80)
    turtle.circle( - 40, 80)
turtle.circle(40, 40)
turtle.fd(40)
turtle.circle(16, 180)
turtle.fd(40 *2/3)
turtle.done()
```

运行程序,结果如图 4-4 所示。

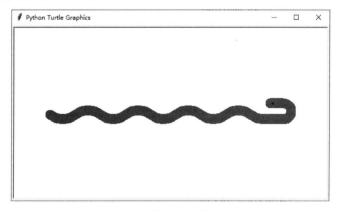

图 4-4　例 4-7 运行结果

例 4-8:绘制鹦鹉螺

参考代码如下(程序文件 e408.py)

```
#例 4-8:绘制鹦鹉螺,程序文件 e408.py
from turtle import *
speed(0)
pencolor("darkcyan")
d = 10
for i in range(360):
    for j in range(4):
        fd(d)
        right(90)
    right(3)
    d = d*1.01
done()
```

运行程序,结果如图 4-5 所示。

通过上面的讲解和练习,了解了海龟绘图体系后,再去看 1.4 小节绘制冰墩墩的程序(程序文件 e04_bingdd.py)应该不难理解了。

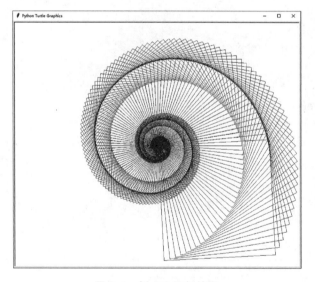

图 4-5　例 4-8 运行结果

练习题

选择题

1. 以下程序的输出结果是(　　　)。

```
ls = list({'shanghai':200,'hebei':300,'beijing':400})
print(ls)
```

A. ['300','200','400']　　　　　　B. ['shanghai','hebei','beijing']

C. [300,200,400]　　　　　　　　D. 'shanghai','hebei','beijing'

2. 以下程序的输出结果是(　　　)。

```
ss = list(set("jzzszyj"))
ss.sort()
print(ss)
```

A. ['z','j','s','y']　　　　　　　　B. ['j','s','y','z']

C. ['j','z','z','s','z','y','j']　　　　D. ['j','j','s','y','z','z','z']

3. 关于 Python 的列表,描述错误的选项是(　　　)。

A. Python 列表是包含 0 个或者多个对象引用的有序序列

B. Python 列表用中括号[ ]表示

C. Python 列表是一个可以修改数据项的序列类型

D. Python 列表的长度不可变的

4. 元组变量 t = ("cat", "dog", "tiger", "human"), t[::-1]的结果是(　　　)。

A. {'human','tiger','dog','cat'}　　B. ['human','tiger','dog','cat']

C. 运行出错　　　　　　　　　　D. ('human','tiger','dog','cat')

5. 已知以下程序段,要想输出结果为"1,2,3",则应该使用的表达式是(　　　)。

```
x = [1,2,3]
z = []
for y in x:
    z.append(str(y))
```

A. print(z)　　　　　　　　　　B. print(",".join(x))

C. print(x)　　　　　　　　　　D. print(",".join(z))

6. 以下程序的输出结果是(　　　)。

```
frame = [[1,2,3],[4,5,6],[7,8,9]]
rgb = frame[::-1]
print(rgb)
```

A. [[7, 8, 9], [4, 5, 6], [1, 2, 3]]　　B. [[7, 8, 9]]

C. [[1,2,3],[4,5,6],[7,8,9]]　　　　D. [[1, 2, 3], [4, 5, 6]]

7. 以下程序的输出结果是(   )。

```
ls1 = [1, 2, 3, 4, 5]
ls2 = [3, 4, 5, 6, 7, 8]
cha1 = []
for i in ls2:
    if i not in ls1:
        cha1.append(i)
print(cha1)
```

A. (6, 7, 8)   B. (1,2,6, 7, 8)
C. [1,2,6,7,8]   D. [6, 7, 8]

8. ls = [1, 2, 3, 4, 5, 6], 以下关于循环结构的描述,错误的是(   )。

A. 表达式 for i in range(len(ls)) 的循环次数跟 for i in ls 的循环次数是一样的

B. 表达式 for i in range(len(ls)) 的循环次数跟 for i in range(0, len(ls)) 的循环次数是一样的

C. 表达式 for i in range(len(ls)) 跟 for i in ls 的循环中, i 的值是一样的

D. 表达式 for i in range(len(ls)) 的循环次数跟 for i in range(1, len(ls) + 1) 的循环次数是一样的

9. 以下程序的输出结果是(   )。

```
s = ''
ls = [1,2,3,4]
for l in ls:
    s += str(l)
print(s)
```

A. 1,2,3,4   B. 4321   C. 4,3,2,1   D. 1234

10. s = " Python", 能够显示输出 Python 的选项是(   )。

A. print(s[:])   B. print(s[-1:0])
C. print(s[:5])   D. print(s[0: -1])

11. 以下程序的输出结果是(   )。

```
L2 = [[1, 2, 3, 4],[5, 6, 7, 8]]
L2.sort(reverse = True)
print(L2)
```

A. [5, 6, 7, 8], [1, 2, 3, 4]   B. [[8,7,6,5], [4,3,2,1]]
C. [[5, 6, 7, 8], [1, 2, 3, 4]]   D. [8,7,6,5], [4,3,2,1]

12. 以下程序的输出结果是(   )。

```
dat = ['1','2','3','0','0','0']
for item in dat:
    if item =='0':
        dat.remove(item)
print(dat)
```

A. ['1','2','3']   B. ['1','2','3','0','0']
C. ['1','2','3','0']   D. ['1','2','3','0','0','0']

13. 以下程序的输出结果是( )。

```
x = ['90','87','90']
n = 90
print(x.count(n))
```

A. 1   B. 2   C. None   D. 0

14. 以下关于 **python** 内置函数的描述,错误的是( )。

A. id( ) 返回一个变量的一个编号,是其在内存中的地址

B. sorted( ) 对一个序列类型数据进行排序,将排序后的结果写回到该变量中

C. type( ) 返回一个对象的类型

D. all(ls) 返回 True,如果 ls 的每个元素都是 True

15. 以下程序的输出结果是( )。

```
chs = "|'\' - '|"
for i in range(6):
    for ch in chs[i]:
        print(ch,end='')
```

A. |'\' – '   B. |'' – '| C. " |' – '|"   D. |\ – |

16. 以下程序的输出结果是( )。

```
L2 = [1, 2, 3, 4]
L3 = L2.reverse()
print(L3)
```

A. [4, 3, 2, 1]   B. [3, 2, 1]   C. [1,2,3,]   D. None

17. 以下程序的输出结果是( )。

```
ls =list("the sky is blue")
a = ls.index('s', 5, 10)
print(a)
```

A. 9   B. 5   C. 10   D. 4

18. 以下程序的输出结果是( )。

```
for i in reversed(range(10, 0, - 2)):
    print(i,end =" ")
```

A. 0 2 4 6 8 10   B. 12345678910

C. 9 8 7 6 5 4 3 2 1 0   D. 2 4 6 8 10

19. 以下程序的输出结果是( )。

```
x = [90, 87, 93]
y = ["zhang","wang","zhao"]
print(list(zip(y, x)))
```

A. [('zhang', 90), ('wang', 87), ('zhao', 93)]

B. [['zhang', 90], ['wang', 87], ['zhao', 93]]

C. ['zhang', 90], ['wang', 87], ['zhao', 93]

D. ('zhang', 90), ('wang', 87), ('zhao', 93)

20. s = "the sky is blue", 表达式 print(s[-4:], s[:-4]) 的结果是(　　)。

A. the sky is blue

B. blue is sky the

C. sky is blue the

D. blue the sky is

21. 以下程序的输出结果是(　　)。

```
a = ["a","b","c"]
b = a[::-1]
print(b)
```

A. ['c','b','a']　　　B. ['a','c','b']　　　C. ['c','a','b']　　　D. ['a','b','c']

22. 以下程序的输出结果是(　　)。

```
L1 = ['abc', ['123','456']]
L2 = ['1','2','3']
print(L1 > L2)
```

A. False　　　　　B. True　　　　　C. 1

D. TypeError: '>' not supported between instances of 'list' and 'str'

23. 以下关于列表操作的描述, 错误的是(　　)。

A. 通过 append 方法可以向列表添加元素

B. 通过 extend 方法可以将另一个列表中的元素逐一添加到列表中

C. 通过 insert(index, object) 方法在指定位置 index 前插入元素 object

D. 通过 add 方法可以向列表添加元素

24. 以下关于列表和字符串的描述, 错误的是(　　)。

A. 列表使用正向递增序号和反向递减序号的索引体系

B. 列表是一个可以修改数据项的序列类型

C. 字符和列表均支持成员关系操作符(in)和长度计算函数(len())

D. 字符串是单一字符的无序组合

25. 下面代码的输出结果是(　　)。

```
ls = list(range(1,4))
print(ls)
```

A. {0,1,2,3}　　　B. [1,2,3]　　　C. {1,2,3}　　　D. [0,1,2,3]

26. 下面代码的输出结果是(　　)。

```
a = [5,1,3,4]
print(sorted(a,reverse = True))
```

A. [5, 1, 3, 4]　　　B. [5, 4, 3, 1]　　　C. [4, 3, 1, 5]　　　D. [1, 3, 4, 5]

27. 下面代码的输出结果是(　　)。

```
weekstr = "星期一星期二星期三星期四星期五星期六星期日"
weekid = 3
print(weekstr[weekid * 3: weekid * 3 + 3])
```

A. 星期二　　　　B. 星期三　　　　C. 星期四　　　　D. 星期一

28. 下面代码的输出结果是(　　)。

```
name = "Python 语言程序设计"
print(name[2: -2])
```

A. thon 语言程序　　　　　　　　　　B. thon 语言程序设

C. ython 语言程序　　　　　　　　　　D. ython 语言程序设

29. 如果 ls = [3.5, "Python", [10, "LIST"], 3.6],则 ls[2][-1][1]的运行结果是(　　)。

A. I　　　　　　　　B. P　　　　　　　　C. Y　　　　　　　　D. L

30. 给出如下代码:

```
TempStr = "Hello World"
```

以下选项中可以输出"World"子串的是(　　)。

A. print(TempStr[-5:])　　　　　　　　B. print(TempStr[-5:-1])

C. print(TempStr[-5:0])　　　　　　　　D. print(TempStr[-4:-1])

上机实验

实验 1:倒背如流 1

从键盘接收一段中文,以字为单位倒序输出。例如:

输入:天之道,损有余而补不足

输出:足不补而余有损,道之天

实验 2:倒背如流 2

从键盘接收一段英文,以单词为单位倒序输出。例如:

输入:To be or not to be, that is a question

输出:question a is that be, to not or be To

实验 3:去掉重复名字

下面的名单中,人物名字有重复,编写程序先每行 5 个输出,然后去掉重复的名字,再每行 5 个重新输出。

names = '''李莫愁 阿紫 逍遥子 乔峰 逍遥子 完颜洪烈 郭芙 杨逍 张无忌 杨过 慕容复 逍遥子 虚竹 双儿 乔峰 郭芙 杨过 慕容复 黄蓉 杨过 阿紫 杨逍 张三丰 张三丰 赵敏 张三丰 杨逍 黄蓉 杨过 郭靖 黄蓉 双儿 灭绝师太 段誉 张无忌 陈家洛 黄蓉 鳌拜 黄药师 逍遥子 忽必烈 赵敏 逍遥子 完颜洪烈 金轮法王 双儿 鳌拜 洪七公 郭芙 郭襄 赵敏'''

实验 4:随机密码生成

编写程序,以 26 个小写字母和 10 个数字为字符,生成 8 位的随机密码,生成一组(10 个)这样的随机密码,存储到密码列表 secret 中。

实验 5:数字分类

随机生成 20 个 1~100 整数,然后将这些数字按奇数、偶数存放到字典中,例如:

```
{'odd':[3,5,…],'even':[2,4,…]}
```

实验6：出现次数最多的汉字

统计《沁园春·长沙》这首词中每个汉字出现的次数，找出出现次数最多的那个汉字，输出这个汉字和它出现的次数，统计时不考虑标点符号。

poem ='''北国风光，千里冰封，万里雪飘。望长城内外，惟余莽莽；大河上下，顿失滔滔。山舞银蛇，原驰蜡象，欲与天公试比高。须晴日，看红装素裹，分外妖娆。

江山如此多娇，引无数英雄竞折腰。惜秦皇汉武，略输文采；唐宗宋祖，稍逊风骚。一代天骄，成吉思汗，只识弯弓射大雕。俱往矣，数风流人物，还看今朝。'''

实验7：猜单词3

编写程序，计算机从单词表中随机抽取一个单词，打乱字母顺序后展示给玩家，让玩家去猜是哪个单词。玩家猜错，给出提示"不对，请重猜"；玩家猜对，给出提示"恭喜，猜对了！继续吗？（Y/N）"，玩家输入"Y"或"y"继续，输入"N"或"n"退出。

实验8：绘制图形

利用 turtle 库绘制下列图形。

第 5 章 函　　数

程序开发过程中,随着处理问题复杂性的增加,程序也会变长。冗长的程序不仅增加了开发的难度,也不利于后期的维护。解决上述问题的基本方法是"化繁为简,分而治之",将复杂的问题分解为若干个小的问题,再逐一解决小的问题。把解决每个小问题的代码封装起来,起一个名字,在需要它的时候进行调用,这就是函数的基本思想。函数不仅降低了程序开发的难度,同时提高了代码的复用性。本章将对函数相关知识进行讲解。

5.1　函数概述

函数是一段具有特定功能的、可重复使用的代码段,在需要的地方通过函数名调用,不需要重新编写。调用时为函数提供不同的参数作为输入,函数处理后,返回相应的处理结果,使用者不需要了解处理的过程。

在 Python 语言中,既可以使用别人定义好的函数,也可以根据需要定义自己的函数,或将定义好的函数放在函数库中供别人使用。

5.1.1　函数的定义

Python 使用 def 关键字定义函数,其基本格式如下:

```
def 函数名([形参1, 形参2,…]):
    函数体
    [return 表达式或值]
```

上述定义语法介绍如下:

(1) def,是关键字,标志着定义函数的开始,def 后留一个空格;

(2) 函数名,是函数的标识符,应遵循标识符的命名规则,后面的圆括号( )必不可少;

(3) [形参1,形参2,…],参数表,用逗号分隔各个参数,数量可以是 1 个、多个或 0 个,当参数数量为 0 时,省略该部分,因为定义函数时只需要对参数进行声明,参数并没有实际的值,所以叫形式参数,简称形参;

(4) :,用于标记函数体的开始,必不可少;

(5) 函数体,是每次调用函数时执行的代码,由 Python 代码段构成;

(6) [return 表达式或值],用于返回函数处理结果给调用者,return 是关键字,没有返回值则省略该部分。

例如,下面的代码定义了一个函数,功能是求两个数的平均值:

```
def my_average(x,y):
    z = (x+y)/2
    return z
```

5.1.2 函数的调用

在 Python 中,函数遵循"先定义,再调用"的原则,定义了函数之后,就可以使用该函数了。调用函数时,根据要求传入参数,格式如下:

函数名([实参 1, 实参 2, …])

在上面的格式语法中需要注意:

(1) [实参 1, 实参 2,…],参数表,因为函数调用时要提供实际的数据作为参数,所以叫做实际参数,简称实参,实参要和函数定义时的形参一一对应;

(2) 函数调用可以看作表达式,函数如果有返回值,可以在表达式中直接使用;如果没有返回值,可以单独作为一条语句使用。

例如,下面的代码定义了两个函数,函数 greeting( )的功能是自我介绍并询问对方姓名,函数 answer( )是回答并自我介绍,通过调用实现对话。

```
def greeting(name):              #定义函数 greeting()
    print(f"{name}:")
    print(f"在下{name},请问阁下高姓大名?")
def answer(name):                #定义函数 answer()
    print(f"{name}:")
    print(f"久仰,久仰!在下{name}。")
print("----- 见面 -----")        #程序开始
greeting("乔峰")                  #调用 greeting()
answer("慕容复")                  #调用 answer()
print("----- 结束 -----")         #程序结束
```

输出结果为:

```
----- 见面 -----
乔峰:
在下乔峰,请问阁下高姓大名?
慕容复:
久仰,久仰!在下慕容复。
----- 结束 -----
```

程序执行时若遇到函数调用,会经历以下流程:

(1) 程序在函数调用处暂停执行;

(2) 为函数传入实参;

(3) 执行函数体;

(4) 函数执行完毕,给出返回值(可选),回到暂停处继续执行。

以上面的代码为例,程序的执行过程如图 5-1 所示。

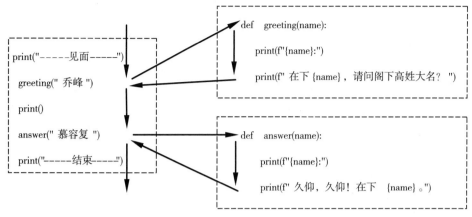

图 5-1　函数调用过程

5.2　函数的参数

函数定义时声明的参数称为形式参数,函数调用时提供的真实数据称为实际参数。函数的参数传递是指将实际参数的副本(复制品)传递给形式参数的过程,函数对实际参数的副本进行处理,实际参数不受影响。根据不同的传递形式,函数的参数可以分为位置参数、命名参数、默认值参数、不定长参数等。

5.2.1　位置参数和名称传递

调用函数时,Python 解释器会将函数的实参按照位置顺序依次传递给形参,即第 1 个实参传递给第 1 个形参,第 2 个实参传递给第 2 个形参,依此类推。示例如下:

```
def info( name, age, skill) :
    print( f"姓名 : {name}")
    print( f"年龄 : {age}")
    print( f"技能 : {skill}")
info( "乔峰", 30 , "降龙十八掌")
```

输出结果为:

```
姓名 : 乔峰
年龄 : 30
技能 : 降龙十八掌
```

调用 info( )函数时,传入实际参数"乔峰"、30、"降龙十八掌",根据实参和形参的位置关系,"乔峰"传递给 name,30 传递给 age,"降龙十八掌"传递给 skill。

使用位置参数时,如果函数中存在多个参数,记住每个参数的位置顺序并不是一件容易的事。此时可以根据形参的名称进行参数传递。即通过"形参 = 实参"的格式将实参的副本传递给形参,例如,可以通过下面的方式调用 info( )函数:

```
info( name = "乔峰", skill = "降龙十八掌", age = 30)
```

调用时由于指定了参数的名称,所以参数之间的顺序可以任意调整。参数按照名称

传递也叫命名参数或者关键字参数。

5.2.2 默认参数

定义函数时可以指定形参的默认值,即有些形参在函数定义时给出初始值。如果调用函数时没有给带默认值的形参传递实参,则使用形参自带的初始值,如果调用函数时给该形参传递了新的值,则使用新值作为形参的值,示例如下:

```
def info(name, age, skill, nation = "宋"):                    #定义了默认值参数
    print(f"姓名 : {name}")
    print(f"年龄 : {age}")
    print(f"技能 : {skill}")
    print(f"国家 : {nation}")
info(name = "乔峰", skill = "降龙十八掌", age = 30)            #没给形参 nation 传递实参
info(name = "段誉", skill = "六脉神剑", age = 19, nation = "大理")  #给 nation 传入新值"大理"
```

输出结果为:

```
姓名 : 乔峰
年龄 : 30
技能 : 降龙十八掌
国家 : 宋
姓名 : 段誉
年龄 : 19
技能 : 六脉神剑
国家 : 大理
```

上述程序中 info(name = "乔峰", skill = "降龙十八掌", age = 30)使用了形参 nation 的默认值"宋", info(name = "段誉", skill = "六脉神剑", age = 19, nation = "大理")给 nation 传递了新的值"大理"。

默认参数也叫可选参数,需要注意的一点是:默认参数在形参列表中需要放置在非默认参数(位置参数或者命名参数)的后面。

5.2.3 不定长参数

若传入函数中的参数的个数不能事先确定,可以使用不定长参数。不定长参数也叫可变参数,即参数个数不固定,实现的方法是在定义函数时,给形参名称前面加 *,格式如下:

```
def 函数名([形参 1, 形参 2, …, ] * args, ** kwargs):
    函数体
    [return 表达式或值]
```

以上语法中*args 和**kwargs 都是不定长参数,这两个参数可以搭配使用,也可以单独使用。

1. *args

不定长参数*args 用于接收不定数量的位置参数,定义函数时建议把它放在其他位

置参数的后面。调用函数时从这个位置开始传入的多个参数值被*args 接收并以元组形式保存,例如:

```
def f1(a, * p):
    print(f"位置参数 a : {a}")
    print(f"不定长参数 * p : {p}")
f1(1,2,3,"A","B")
```

输出结果为:

```
位置参数 a : 1
不定长参数 * p : (2, 3,'A','B')
```

由运行结果可以看出,调用函数时,传入了 5 个参数,1 被 a 接收,剩下的 2,3,"A","B" 被保存到元组 p 中。

如果不定长参数 * args 没有放在最后,调用函数时其他参数需要按照名称传递,即把其他参数作为关键字参数使用,例如:

```
def f2(* p, a):
    print(f"不定长参数 * p : {p}")
    print(f"关键字参数 a : {a}")
f2(1,2,3,"A", a ="B")            #调用时需要按照名称传递参数 : a ="B"
```

输出结果为:

```
不定长参数 * p : (1, 2, 3,'A')
关键字参数 a : B
```

2. ** kwargs

不定长参数 ** kwargs 用于接收不定数量的按名称传递的参数,它必须放置在参数表的最后。调用函数时,从这个位置开始的、按照名称传入的多个参数都被 ** kwargs 接收并以字典的形式保存,例如:

```
def f2(a,**kp):
    print(f"按名称传递的参数 a : {a}")
    print(f"其余的不定长参数 **kp 是 : {kp}")
f2(a =1, b =2, c =3, x ="A", y ="B")
```

输出结果为:

```
按名称传递的参数 a : 1
其余的不定长参数 **kp : { 'b': 2,'c': 3,'x':'A','y':'B'}
```

由运行结果可以看出,调用函数时,按形参名称传入 a = 1,后面多传入的 b = 2, c = 3, x = "A", y = "B" 四组参数被保存到字典 kp 中。

5.3　函数的返回值

函数体中的 return 语句是可选项,作用是结束当前函数,并将函数中的数据返回给主程序。注意,return 语句不一定出现在函数体的最后,它可以出现在函数体的任意

基础教程

位置。

例如，编写一个函数实现求一组数的平均值。将一组数字传递给函数，使用不定长参数接收，然后累加求和，再除以参数的个数，进而求得平均值，参考代码如下：

```
def my_average(*p):              #使用不定长参数接收一组数字
    s = 0
    if len(p) == 0:              #如果没有传入参数
        return                   #直接返回 None 值
    for x in p:
        s += x
    return s/len(p)              #返回平均值
aver1 = my_average(1,2,3)        #调用函数，传入三个参数
aver2 = my_average()             #调用函数，没有传入参数
print(aver1)
print(aver2)
```

输出结果为：

```
2.0
None
```

上面的 my_average() 函数有两个 return 语句，第一个 return 语句是在函数没有传入任何值时，结束函数直接返回主程序，第二个 return 语句是传入一个以上参数时，计算并返回这几个参数的平均值。

函数中的 return 语句可以一次返回两个以上的值，这些值以元组的形式保存。下面是求一组数最大值和最小值的例子，参考代码如下：

```
def my_extreme(*p):                          #使用不定长参数接收一组数字
    if len(p) == 0:                          #如果没有传入参数
        return "my_extreme()需要至少一个参数"   #返回一条提示
    return max(p), min(p)                    #以元组形式返回最大值和最小值
ex1 = my_extreme(1,2,3,4)
ex2 = my_extreme()
print(ex1)
print(ex2)
```

输出结果为：

```
(4, 1)
my_extreme()需要至少一个参数
```

5.4 变量的作用域

变量并不是在任何位置都可以访问的，具体的访问权限取决于变量的位置，其所处的有效范围被视为变量的作用域。根据作用域的不同，变量可以分为局部变量和全局变量。

5.4.1　局部变量

局部变量是指在函数内部定义的变量,它只能在函数内部使用,函数调用结束后,局部变量会被释放,此时无法进行访问。例如,下面的函数中定义了局部变量 name,函数调用后,再访问 name 会报错:

```
def f1():
    name = "乔峰"                          #定义局部变量
    print("在函数内访问 name 变量 : ")
    print(name)                           #访问局部变量
f1()
print("在函数外访问 name 变量 : ")
print(name)
```

输出结果为:

```
在函数内访问 name 变量 :
乔峰
在函数外访问 name 变量 :
Traceback (most recent call last):
  File "E:\x1.py", line 7, in <module>
    print(name)
NameError: name'name' is not defined
```

运行程序到第 7 行报错,提示 name 变量没有定义。由此可见,从函数外部无法访问局部变量。

不同函数内部可以使用同名的局部变量,这些局部变量互不影响。它们类似于不同文件夹中的同名文件,是相互独立的。例如:

```
def f1():
    name = "乔峰"
    print(f"f1 中的 name:{name}")          #访问自己的局部变量 name
def f2():
    name = "段誉"
    print(f"f2 中的 name:{name}")          #访问自己的局部变量 name
f1()
f2()
```

输出结果为:

```
f1 中的 name:乔峰
f2 中的 name:段誉
```

5.4.2　全局变量

全局变量在函数外部定义,在整个程序范围内起作用,它不受函数范围的影响,既可以在函数内访问也可以在函数外访问。例如:

```
name  = "郭靖"                                    #全局变量
def f1():
    print(f"在函数 f1()内访问 name:{name}")        #在函数内访问 name
f1()
print(f"在函数 f1()外访问 name:{name}")            #在函数外访问 name
```

输出结果为:

```
在函数 f1()内访问 name:郭靖
在函数 f1()外访问 name:郭靖
```

默认情况下,函数中只能访问全局变量,而不能修改全局变量,下面的代码试图修改 name 的值:

```
name  = "郭靖"                                    #定义全局变量 name
def f1():
    name  = "杨过"                                #定义局部变量 name
name  = "神雕大侠" + name                          #访问局部变量 name 并修改为"神雕大侠杨过"
    print(f"在函数 f1()内访问 name:{name}")        #在函数内访问 name
f1()                                              #调用函数后局部变量 name 被释放
print(f"调用 f1()函数后的 name:{name}")            #访问全局变量 name, 值为"郭靖"
```

输出结果为:

```
在函数 f1()内访问 name:神雕大侠杨过
调用 f1()函数后的 name:郭靖
```

运行结果显示 name 的值是"郭靖",这是因为在函数 f1()内部的 name 被认为是一个新定义的、和全局变量 name 同名的局部变量,它的作用域是函数 f1()内部,函数执行后,局部变量 name 被释放,它并没有影响到全局变量 name,所以最后一条语句输出的还是全局变量的值。

如果需要在函数内部修改全局变量的值,在函数内可以使用关键字 global 进行显式声明,例如:

```
name  = "郭靖"
def f1():
    global name                                   #显式声明,指明是全局变量 name
    name  = name  + "郭大侠"                        #进行访问, 并修改
f1()                                              #调用函数
print(f"调用 f1()函数后的 name:{name}")            #全局变量 name, 值已被修改
```

输出结果为:

```
调用 f1()函数后的 name: 郭靖郭大侠
```

全局变量会增加函数之间的数据关联,可能导致无法预料的错误或结果,全局变量还使得程序的可读性变差,一般应该尽量少使用全局变量。

5.5　函数的特殊形式

除了按照标准形式定义的函数外,Python 还提供了两种特殊形式的函数:匿名函数和递归函数。

5.5.1　匿名函数

有一些场合需要一个简单的函数,但这个函数可能只使用一次,这时可以用 lambda 关键字直接定义一个匿名函数。匿名函数也称为 lambda 表达式或 lambda 函数,其定义格式如下:

```
lambda 参数表:表达式
```

或

```
函数名 = lambda 参数表:表达式
```

如果将 lambda 表达式的返回结果赋值给一个变量,这个变量就成了函数名,所以匿名函数并不是真的没有名字,示例如下:

```
>>> f = lambda x, y : (x + y) / 2
>>> f(2, 3)
2.5
```

lambda 表达式是一种简便的、在同一行中定义函数的方法,可以作为其他函数的参数。例如,内置函数 sorted(iterable, key = None, reverse = False),参数 key 用于指定排序规则(默认 None 是自然排序),可以用匿名函数替换 None,从而改变排序规则。下面的列表 s 由元组构成,使用 sorted() 函数对 s 排序时,默认会按照元组的第一个元素升序排序,如下:

```
>>> s = [(3,"Bill"),(1,"Jeff"),(2,"Elon"),(4,"Warren")]
>>> sorted(s)                    #默认按元组第 1 个元素排序
[(1,'Jeff'), (2,'Elon'), (3,'Bill'), (4,'Warren')]
```

现在想按照元组的第二个元素,即按照名字进行升序排序,使用 lambda 表达式实现如下:

```
>>> sorted(s, key = lambda t:t[1])    #指定排序关键 key,按元组第 2 个元素排序
[(3,'Bill'), (2,'Elon'), (1,'Jeff'), (4,'Warren')]
```

5.5.2　递归函数

函数可以被其他程序或者函数调用。如果函数在定义时直接或者间接调用自己,也是可以的,这种情况称为函数的递归,这个函数称为递归函数。递归通常用于解决结构相似的问题,实现复杂问题的简洁化处理。

例如求阶乘,自然数 n 的阶乘 n! $= 1 \times 2 \times 3 \times ... \times n$,并且规定 0 的阶乘为 1。如果使用递归方式定义阶乘则有:

$$n! = \begin{cases} 1 & n = 0 \\ n(n-1)! & n \geq 1 \end{cases}$$

在这个定义中,当 n = 0 时,n! = 1;当 n 大于等于 1 时,n! 是 n 乘以 (n − 1)!,所以计

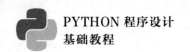
算 n！需要计算出(n−1)！,而计算(n−1)！需要计算出(n−2)！,每次都会计算比上次更小的数的阶乘,直到 0！。0 是递归终止的条件,0！有确定的值 1,是递归的基例,基例也叫做递归出口。

阶乘的例子揭示了递归的两个关键特征:①存在一个或者多个基例,基例是确定的表达式或值,不需要再次递归;②所有的递归链要以达到终止条件时的基例结尾。

Python 中递归函数的形式如下:

```
def 函数名(参数列表):
    if 终止条件:
        return 基例
    else:
        return 递归链
```

用递归函数求阶乘的代码如下:

```
def fn(n):
    if n == 0:                    #终止条件
        return 1                  #基例
    else:
        return n * fn(n - 1)      #递归链
f = fn(5)                          #调用函数, 求 5 !
print(f)
```

输出结果为:

```
120
```

程序中调用 fn( )求 5！的过程如图 5-2 所示。

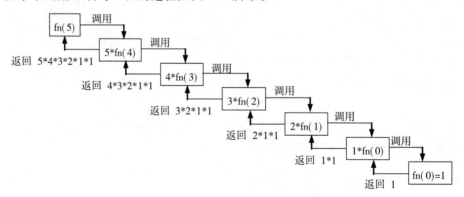

图 5-2　函数 fn(5)的调用过程

5.6　内置函数

Python3.10 提供了 71 个内置函数,这些函数不需要引入库就可以直接使用,如下表所示。其中有一些已经在前面章节出现过,另外一些可以在遇到时查看官方帮助文档了解用法并逐步熟悉。

Python3 内置函数列表 (71 个)

A	E	L	R
abs( )	enumerate( )	len( )	range( )
aiter( )	eval( )	list( )	repr( )
all( )	exec( )	locals( )	reversed( )
any( )	**F**	**M**	round( )
anext( )	filter( )	map( )	**S**
ascii( )	float( )	max( )	set( )
B	format( )	memoryview( )	setattr( )
bin( )	frozenset( )	min( )	slice( )
bool( )	**G**	**N**	sorted( )
breakpoint( )	getattr( )	next( )	staticmethod( )
bytearray( )	globals( )	**O**	str( )
bytes( )	**H**	object( )	sum( )
C	hasattr( )	oct( )	super( )
callable( )	hash( )	open( )	**T**
chr( )	help( )	ord( )	tuple( )
classmethod( )	hex( )	**P**	type( )
compile( )	**I**	pow( )	**V**
complex( )	id( )	print( )	vars( )
D	input( )	property( )	**Z**
delattr( )	int( )		zip( )
dict( )	isinstance( )		_
dir( )	issubclass( )		__import__( )
divmod( )	iter( )		

　　Python 具有丰富的内置数据类型、函数和标准库,更多的资料可以查阅在线 Python 文档,通过 https://docs. python. org/3 网站阅读或下载使用。

5.7　函数应用举例

例 5-1　角谷猜想

　　"角谷猜想"又称"冰雹猜想"。它首先流传于美国,不久便传到欧洲,后来一位名叫角谷的日本人又把它带到亚洲,因而叫做"角谷猜想"。这个数学猜想的通俗说法是这样的:对于任意自然数 n,如果是奇数,则乘 3 加 1,如果是偶数,则除以 2,得到的结果再按照上述规则重复处理,经有限步骤后,最后结果必然是自然数 1。

　　编写程序对任意自然数验证角谷猜想,输出数据的变化过程和需要计算的次数。

　　思路:可以编写一个函数,当参数 n 不等于 1 时,进行如下处理:如果是奇数,则乘 3 加 1,如果是偶数,则除以 2,每进行一次运算记录一次,并输出这次运算后的结果,最后返回记录的次数。参考程序如下(程序文件 e501.py):

```
#例 5-1 角谷猜想,程序文件 e501.py
def collatz(n):
    count = 0                          #记录操作的次数
    while n != 1:
        if n % 2 == 0:
            n //= 2
            print(n)
            count += 1                 #操作次数加 1
        else:
            n = 3 * n + 1
            print(n)
            count += 1                 #操作次数加 1
    return count
n = int(input("输入任意自然数:"))
x = collatz(n)
print("运算次数:", x)
```

运行程序,输入 13,结果如下:

```
输入任意自然数:13
40
20
10
5
16
8
4
2
1
运算次数:9
```

例 5-2 汉诺塔

汉诺塔(Tower of Hanoi)源于印度的一个古老传说:在印度北部的一座圣庙里有三根石柱,主神梵天在创造世界的时候,在其中最左边的一根石柱上从下到上穿好了由大到小的 64 个黄金圆盘,这就是所谓的汉诺塔。僧侣们要照下面的法则把 64 个圆盘从最左边的石柱移到最右边的石柱:一次只移动一个,不管在哪根石柱上,小盘必须在大盘上面。不论白天黑夜,只有这样不停的搬运才能维持宇宙的时间,当所有的圆盘移动完毕时,万事万物会化为乌有,宇宙也将结束。

假设三根石柱设为 A、B、C,编写程序,输入圆盘数量,输出圆盘从 A 柱搬运到 C 柱的过程。

汉诺塔是典型的递归问题。将 A 柱上的 64 个金盘移动到 C 柱上,可以分为三步:

第一步,将 A 柱的前 63 个金盘移到 B 柱;

第二步,将 A 柱的第 64 个金盘移到 C 柱;

第三步,将 B 柱的 63 个金盘移到 C 柱。

可以发现:第二步可以直接完成,就是递归的基例;而第一步可以转化为“将 A 柱上的 63 个金盘移动到 B 柱上”的问题,第三步可以转化为“将 B 柱的 63 个金盘移动到 C 柱上"的问题,就是递归链。

参考程序如下(程序文件 e502.py):

```
#例5-2 汉诺塔, 程序文件 e502.py
def move(s,t):                          #将盘子从源柱上移动到目标柱上
    print(f"{s} ->{t}")
def hanoi(n,A,B,C):
    if n == 1:
        move(A,C)
    else:
        hanoi( n - 1,A,C,B)             #A 是源柱, C 是借用柱, B 是目标柱
        move(A,C)
        hanoi( n - 1,B,A,C)             #B 是源柱, A 是借用柱, C 是目标柱
n = int(input("输入圆盘数 n : "))
hanoi(n,"A","B","C")
```

运行程序,输入 3,结果如下:

```
输入圆盘数 n : 3
圆盘移动过程:
A -> C
A -> B
C -> B
A -> C
B -> A
B -> C
A -> C
```

例 5-3 科赫雪花

科赫曲线是一种分形图形。其形态酷似雪花,又称科赫雪花或雪花曲线。1904 年由瑞典数学家海里格・冯・科赫(H・V・Koch)提出。科赫曲线基本概念如下:

整数 n 是科赫曲线的阶数,n = 0 时,0 阶科赫曲线是一条长度为 d 的直线;当 n = 1 时,将该直线分为三等份,中间一段用两条长度为 d/3 直线首尾连接代替,得到 1 阶科赫曲线;对每一条线段重复进行上面的操作后得到 2 阶科赫曲线,依此类推的到 n 阶科赫曲线,如图 5-3 所示。

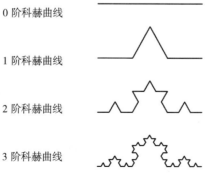

0 阶科赫曲线

1 阶科赫曲线

2 阶科赫曲线

3 阶科赫曲线

图 5-3 科赫曲线绘制方法

科赫曲线的绘制体现了递归的思想,当 n = 0 时,绘制一条直线,当 n 大于 0 时,n 阶科赫曲线的绘制相当于画笔在前进方向 0°、60°、- 120°和 60°分别绘制 n - 1 阶的科赫曲线。下面的函数 koch( )完成绘制 n 阶科赫曲线:

```
import turtle as t
def koch(d,n):
    if n  == 0:
        t.fd(d)
    else:
        for angle in [0,60,-120,60]:
            t.left(angle)
            koch(d/3,n - 1)
```

如果将等边三角形看成是 3 条 0 阶科赫曲线首尾相连,那么 3 条 4 阶科赫曲线首尾相连就能形成有趣的雪花效果,参考代码如下(程序文件 e503. py):

```
#例 5-3 科赫雪花, 程序文件 e503.py
import turtle as t
def koch(d,n):
    if n  == 0:
        t.fd(d)
    else:
        for angle in [0,60,-120,60]:
            t.left(angle)
            koch(d/3,n - 1)
def main():
    t.speed(0)
    t.pensize(2)
    t.penup()
    t.goto(-200,120)
    t.pendown()
    for i in range(3):
        koch(450,4)          #绘制 4 阶科赫曲线
        t.right(120)         #右转 120°,准备绘制下一条
    t.hideturtle()
main()
```

程序运行结果如图 5-4 所示。

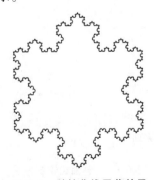

图 5-4　科赫曲线雪花效果

练习题

选择题

1. 以下程序的输出结果是(　　　)。

```
ab = 4
def myab(ab,xy):
    ab = pow(ab,xy)
    print(ab,end=" ")
myab(ab,2)
print(ab)
```

A. 4 4　　　　　　　　B. 16 16　　　　　　　　C. 4 16　　　　　　　　D. 16 4

2. 以下关于函数参数传递的描述,错误的是(　　　)。

A. 定义函数的时候,可选参数必须写在非可选参数的后面

B. 函数的实参位置可变,需要形参定义和实参调用时都要给出名称

C. Python 支持可变数量的参数,实参用" * 参数名"表示

D. 调用函数时,可变数量参数被当作元组类型传递到函数中

3. Python 中,函数定义可以不包括以下(　　　)选项。

A. 函数名　　　　　　　　　　　　　　B. 可选参数列表

C. 一对圆括号　　　　　　　　　　　　D. 关键字 def

4. 以下程序的输出结果是(　　　)。

```
def func(num):
    num *= 2
x = 20
func(x)
print(x)
```

A. 20　　　　　　　　B. 出错　　　　　　　　C. 无输出　　　　　　　　D. 40

5. 以下程序的输出结果是(　　　)。

```
def func(a, * b):
    for item in b:
    a += item
    return a
m = 0
print(func(m,1,1,2,3,5,7,12,21,33))
```

A. 33　　　　　　　　B. 0　　　　　　　　C. 7　　　　　　　　D. 85

6. Python 中函数不包括(　　　)。

A. 标准函数　　　　　　　　　　　　　B. 第三库函数

C. 参数函数　　　　　　　　　　　　　D. 内置函数

7. 以下关于 Python 函数对变量的作用,错误的是( )。

A. 简单数据类型在函数内部用 global 保留字声明后,函数退出后该变量保留

B. 全局变量指在函数之外定义的变量,在程序执行全过程有效

C. 简单数据类型变量仅在函数内部创建和使用,函数退出后变量被释放

D. 对于组合数据类型的全局变量,如果在函数内部没有被真实创建的同名变量,则函数内部不可以直接使用并修改全局变量的值

8. 以下程序的输出结果是( )。

```
def fun1(a,b,*args):
    print(a)
    print(b)
    print(args)
fun1(1,2,3,4,5,6)
```

A. 1 2 [3, 4, 5, 6]　　　　　　　　B. 1 2 (3, 4, 5, 6)

C. 1 2 3, 4, 5, 6　　　　　　　　　D. 1,2,3,4,5,6

9. 以下程序的输出结果是( )。

```
>>> def f(x, y = 0, z = 0): pass
>>> f(1, , 3)
```

A. 出错　　　　　B. None　　　　　C. not　　　　　D. pass

10. Python 语言中,以下表达式输出结果为 **11** 的选项是( )。

A. print("1 +1")　　　　　　　　　B. print(1 +1)

C. print(eval("1 +1"))　　　　　　D. print(eval("1" + "1"))

11. 下面代码的输出结果是( )。

```
def change(a,b):
    a = 10
    b += a
a = 4
b = 5
change(a,b)
print(a,b)
```

A. 10 5　　　　　B. 4 15　　　　　C. 10 15　　　　　D. 4 5

12. 关于形参和实参的描述,以下选项中正确的是( )。

A. 参数列表中给出要传入函数内部的参数,这类参数称为形式参数,简称形参

B. 函数调用时,实参默认采用按照位置顺序的方式传递给函数,Python 也提供了按照形参名称输入实参的方式

C. 程序在调用时,将形参复制给函数的实参

D. 函数定义中参数列表里面的参数是实际参数,简称实参

13. 假设函数中不包括 global 保留字,对于改变参数值的方法,以下选项中错误的是( )。

A. 参数是 int 类型时, 不改变原参数的值

B. 参数是组合类型(可变对象)时, 改变原参数的值

C. 参数的值是否改变与函数中对变量的操作有关, 与参数类型无关

D. 参数是 list 类型时, 改变原参数的值

14. 关于函数作用的描述, 以下选项中错误的是(　　)。

A. 复用代码　　　　　　　　　　　B. 增强代码的可读性

C. 降低编程复杂度　　　　　　　　D. 提高代码执行速度

15. 下面代码的输出结果是(　　)。

```
ls = ["F","f"]
def fun(a):
    ls.append(a)
    return
fun("C")
print(ls)
```

A. ['F', 'f']　　　　B. ['C']　　　　C. 出错　　　　D. ['F', 'f', 'C']

16. 关于局部变量和全局变量, 以下选项中描述错误的是(　　)。

A. 局部变量和全局变量是不同的变量, 但可以使用 global 保留字在函数内部使用全局变量

B. 局部变量是函数内部的占位符, 与全局变量可能重名但不同

C. 函数运算结束后, 局部变量不会被释放

D. 局部变量为组合数据类型且未创建, 等同于全局变量

17. 关于函数的可变参数, 可变参数 *args 传入函数时存储的类型是(　　)。

A. list　　　　B. set　　　　C. dict　　　　D. tuple

18. Python 语言中用来定义函数的关键字是(　　)。

A. return　　　　B. def　　　　C. function　　　　D. define

19. 关于函数, 以下选项中描述错误的是(　　)。

A. 函数能完成特定的功能, 对函数的使用不需要了解函数内部实现原理, 只要了解函数的输入输出方式即可。

B. 使用函数的主要目的是减低编程难度和代码重用

C. Python 使用 del 保留字定义一个函数

D. 函数是一段具有特定功能的、可重用的语句组

20. 给出如下代码:

```
while True:
    guess = eval(input())
    if guess == 0x452//2:
        break
```

能够结束程序运行的输入是(　　)。

A. break　　　　B. 553　　　　C. 0x452　　　　D. "0x452//2"

上机实验

实验1：多个数的乘积

定义一个函数 my_product( )，功能是对传入的一组数值参数求乘积，例如：my_product(5)返回值 5，my_product(2,5)返回值 10，my_product(2,5,3)返回值 30。

实验2：统计字符个数

编写一个函数 my_count( )，功能是统计字符串中数字、字母、空格以及其他字符的个数，打印统计结果。例如，从键盘输入字符串"sd j,.;f l34"，输出统计结果，数字：2 个，字母 5 个，空格 2 个，其他字符 3 个。

实验3：求完数

一个数如果恰好等于除了自身以外的因子之和，这个数就称为"完数"也称"完美数"。例如，6 的因子为 1、2、3，而 6 = 1 + 2 + 3，因此 6 是完数。编程找出 1000 之内的所有完数，并输出该完数及对应的因子。

实验4：斐波那契数列

斐波那契数列(Fibonacci sequence)也是递归的一个经典案例，这个数列从第 3 项开始，每一项都等于前两项之和。在数学上，斐波那契数列可以定义为：

$$f(n) = \begin{cases} 1 & n = 1 \\ 1 & n = 2 \\ f(n-1) + f(n-2) & n \geq 3 \end{cases}$$

编写程序，使用递归函数求斐波那契数列，并输出该序列的前 n 项，n 从键盘输入。

实验5：分形图形

以六角星为基础，使用递归函数，绘制六角星雪花图形，如图 5-5 所示。

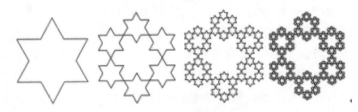

图 5-5　六角星雪花图形效果

第6章 文 件

在程序运行时使用各种类型的变量保存数据,而这些变量是保存在计算机的内存中的,程序运行结束后,变量占用的内存被释放,数据也就随之消失了。但是有一些数据需要长久保存,计算机中通常采用文件的形式将数据保存到存储介质中,以达到长久保存数据的目的。Python 程序可以通过读写文件的方式在运行时获取和保存数据。本章将对 Python 打开、关闭、读写文件的基本操作进行讲解。

6.1 文件概述

文件可以看作是存储在外存储器中的数据序列,可以包含任何类型的数据,比如文字、图片、程序、声音和视频等。按照编码方式的不同,文件可以分为两大类型:文本文件和二进制文件。

文本文件是基于字符编码的文件,适合存储文字或字符数据,内容便于展示和阅读。现代计算机系统广泛使用的编码标准是 Unicode 编码,其中 UTF – 8 编码是 Unicode 编码最常用的一种实现方式。文本文件可以通过文本编辑软件(如记事本、Editra、BowPad、notepad ++ 等)创建、修改和阅读。由于有统一的编码,文本文件可以看作存放于磁盘上的长字符串。

除了文本文件以外的文件都可以看成是二进制文件,由于没有统一的字符编码,只能看作是由二进制的 0 和 1 构成的字节流。这些字节流按照特定的组织方式形成不同类型的文件,如图形文件、声音文件或视频文件等。二进制文件不能当作字符串处理。

文件在计算机中有唯一确定的标识,以便于识别和使用,文件标识一般分为:路径、文件名和扩展名三部分。例如:D:\ch1\e04_bingdd. py。

其中,"D:\ch1\"是路径;"e04_bingdd"是文件名;".py"是扩展名。程序要对文件进行操作,必须先按照文件标识找到文件。

6.2 文件的打开和关闭

Python 对文本文件和二进制文件采用相同的操作步骤,即"打开—操作—关闭"。计算机中的文件默认处于存储状态,先要将其打开,使程序有权操作这个文件,这时文件处于被程序占用状态,其他进程不能操作这个文件,完成对文件的操作后,将文件关闭,释放对文件的占用,使其恢复为存储状态,以供其他进程使用。

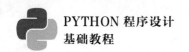

Python 通过内置函数 open( )打开文件,打开成功后会返回一个文件对象,通过赋值运算可以将文件和一个变量关联起来,格式如下:

```
fo = open(file[, mode, buffering = - 1, encoding = None])
```

上述 open( )函数的语法介绍如下:

(1) fo 是文件类型的对象名,可以看成是一个变量;

(2) file,文件标识,是要打开或创建的文件,如果不在当前路径中,需指出文件所在的完整路径;

(3) buffering 表示是否使用缓存,省略或取默认值 - 1 时,表示使用系统默认的缓冲区大小;

(4) encoding 是文件的编码格式,省略或取默认值 None 时,表示使用系统默认编码;其他常用的有" utf - 8",也可以写成" utf8"、" UTF - 8"或" UTF8";

(5) mode 是打开文件的模式,省略时表示使用文本只读模式打开,mode 有 7 种基本的模式,如表 6-1 所示。

表 6-1　文件的打开模式

打开模式	说　明
'r'	只读模式,如果文件不存在返回错误,默认打开模式
'w'	覆盖写模式,文件不存在则创建新文件,如果存在则完全覆盖
'x'	创建写模式,文件不存在则创建新文件,如果存在则返回错误
'a'	追加写模式,文件不存在则创建新文件,如果存在则在最后追加内容
't'	文本文件模式,默认模式
'b'	二进制文件模式,可添加到其他模式中使用
' + '	读/写模式,可添加到其他模式中使用

上表中的'r'、'w'、'x'、'a'可以和't'、'b'、' + '组合使用,形成既表达读写又表达文件打开模式的方式,例如:'rt'表示只读文本模式,这也是省略 mode 参数时的默认模式。

文件使用结束后,要关闭文件,释放文件的使用权。否则,文件一直处于占用状态,影响其他进程对文件的操作。关闭文件时使用文件对象的. close( )方法,语法格式如下:

```
fo.close()
```

例如,在 d 盘 ch6 文件夹下有 e601. txt 文件,采用 UTF - 8 编码格式,文件的内容为:

```
泛海
明代:王阳明
险夷原不滞胸中,何异浮云过太空?
夜静海涛三万里,月明飞锡下天风。
```

采用下面的代码打开和关闭文件:

```
fo = open("D:\\ch6\\e601.txt", encoding = "utf - 8")    #只读文本模式, utf - 8 编码
pass                                                    #pass 是关键字, 表示没有操作
fo.close()                                              #关闭文件
```

运行代码,没有显示任何输出,因为只是打开文件,然后关闭。同时也没有提示错误

信息,说明代码成功的调用了 open( )函数和 .close( )方法。

注意传入 open( )函数的实参"D:\\ch6\\e601.txt",其中双反斜杠"\\"是转义字符,表示反斜杠"\",也可以用 r 运算符显示原始字符串(见 2.4.2 小节),即用 r"D:\ch6\e601.txt" 代替"D:\\ch6\\e601.txt"。

如果上面的代码文件保存在和 e601.txt 文件相同的文件夹中,则可以省略路径,直接使用文件名作为实参:

```
fo = open("e601.txt", encoding = "utf-8")
```

有时打开文件较多,可能会遗漏关闭操作,Python 提供了 with 关键字实现文件的自动关闭,上面的操作使用 with 语句实现如下:

```
with open("e601.txt", mode = "rb") as fo:       #打开文件 e601.txt 并关联到变量 fo
    pass
```

6.3 文件的操作

6.3.1 文件定位与读写方法

当文件被打开后,根据打开方式不同可以对文件进行相应的读写操作。当文件以文本文件方式打开时,读写按照字符串方式进行,当文件以二进制文件打开时,读写按照字节流方式进行。

文件默认读写位置是文件头部,按照从前到后的顺序读写。进行读写操作,会使读写位置发生改变,例如,读取了一行,后面的读写操作会接着这个位置继续进行,这个位置就是当前位置。Python 中用 0 代表文件头部,用 1 代表读写的当前位置,用 2 代表文件末尾。

Python 中常用的文件读写和位置定位方法,如表 6-2 所示。

表 6-2　常用的文件操作方法(7 个)

方　　法	说　　明
fo.tell( )	获取 fo 的当前读写位置
fo.seek(pos[,wh])	改变 fo 的当前读写位置,pos 是改变量,wh 是基准位置取 0 或 1 或 2
fo.read([n])	从 fo 中读取内容,返回 n 个字符或 n 个字节流,n 省略表示读到文件末尾
fo.readline( )	从 fo 中读取一行数据,返回字符串或字节流
fo.readlines( )	从 fo 中读取至文件末尾的多行内容,返回以每行为一个元素的列表
fo.write(s)	将字符串 s 写入 fo
fo.writelines(s)	将列表 s 写入 fo,s 的元素均为字符串

1..read( )方法

使用 .read( )方法读取文件时,如果省略参数 n,则一次性从当前读写位置读取到文件末尾,将内容作为一个字符串或字节流;如果指定了参数 n 的值,则从当前位置读取 n 个字符或者 n 个字节的字节流数据,读取的信息是字符串还是字节流取决于文件以文本

文件打开还是以二进制文件打开。以 e601. txt 文件为例进行文件读取操作：

```
fo  = open("e601.txt", encoding  = "utf - 8")    #只读文本模式打开, utf - 8 编码
print(fo.read(1))                                #读取 1 个字符"泛", 并输出
print(fo.read(5))                                #继续读取"海\n明代："5 个字符并输出
fo.close()                                       #关闭文件
```

运行程序，注意换行符 \n 被看成一个字符，输出结果为：

```
泛
海
明代：
```

当文件以二进制模式打开时，. read( )方法将按照给定的实参读取相应个数的字节流信息，例如：

```
fo  = open("e601.txt", mode  = "rb")    #二进制只读模式打开文件
print(fo.read(1))                       #读取 1 个字节并输出
print(fo.read(5))                       #继续读取 5 个字节并输出
fo.close()
```

注意，由于二进制文件没有统一的字符编码，所以不能指定编码方式，若强行指定encoding 参数将会导致错误。运行程序，输出结果显示为 16 进制表示的二进制字节流信息，如下：

```
b'\xe6'
b'\xb3\x9b\xe6\xb5\xb7'
```

2. . seek( )和. tell( )方法

使用. seek( )方法可以改变当前读写位置，这样就不必每次都从文件首部开始，从而实现文件的随机读写。其参数 pos 是改变量，单位是字节数，wh 是 pos 的基准位置，省略时表示从文件头部开始，也可以设置为 1 或 2，表示以当前位置或者文件尾部为基准。若调用成功，可以返回当前的读写位置。例如，下面的代码直接从诗句的正文开始读取 7 个字符：

```
fo  = open("e601.txt", encoding ="utf - 8")    #以文本文件打开, utf - 8 编码
fo.seek(28)                                     #设置文件当前读写位置为第 28 字节
print(fo.read(7))                               #读取 7 个字符并输出
print(fo.tell())                                #输出当前的读写位置
fo.close()
```

运行结果为：

```
险夷原不滞胸中
49
```

上面的代码中 fo. seek( )方法的实参设置为 28，即第 28 字节处，是因为编码格式为utf - 8，这是一种可变长度的编码，在这种编码中一个汉字占 3 个字节长度，一个英文字母占 1 个字节长度，诗句的第一行是两个汉字加换行符(\n 看成英文标点和字母各占 1 个字节)占 8 个字节，第二行是 6 个汉字加一个换行符占 20 个字节。所以第 28 字节是第

三行诗句正文的起始位置。如果设置读取位置不在某个字符编码的起始位置,解释器按
照编码规则不能将读到的信息转换为相应的字符,从而导致错误。

　　fo. read(7)读取 7 个字符后,当前位置为 28 + 7 * 3,所以调用 fo. tell( )后,获取当前
的读写位置为 49。

　　需要注意的是,如果以文本文件模式打开,则 seek( )方法只允许相对文件首部移动
读写位置,即设置 wh = 0 或省略。

3. . readline( )方法

　　. readline( )方法读取文本中的一行,作为字符串返回,包括行尾的换行符(\n)。以
文件 e601. txt 为例:

```
fo  = open("e601.txt", encoding  = "utf - 8")
print(fo.readline())                           #读取一行, 并输出
print(fo.readline())                           #再读取一行, 并输出
fo.close()                                     #关闭文件
```

　　运行结果如下,读取并输出了第一行和第二行文本,注意,由于行尾有换行符,所以
输出时在第一行和第二行文本后面各多了一个空行:

```
泛海

明代 : 王阳明
```

4. . readlines( )方法

　　. readlines( )方法可以一次性读取文件中的所有数据,若成功读取,则返回一个列表,
列表中的每一个元素是一个字符串,对应文件中的一行。以文件 e601. txt 为例:

```
fo  = open("e601.txt", encoding  = "utf - 8")         #只读文本模式, utf8 编码
print(fo.readlines())                                 #读取所有行, 并输出
fo.close()
```

　　运行结果,输出一个列表:

```
['泛海 \n','明代 : 王阳明 \n','险夷原不滞胸中, 何异浮云过太空?\n','夜静海涛三万里, 月明飞锡下
天风。']
```

　　由于 fo. readlines( )返回的是一个字符串列表,所以可以使用 for 循环对其进行遍历
操作,例如按行打印 e601. txt 文件的内容:

```
fo  = open("e601.txt", encoding  = "utf - 8")
text_list  = fo.readlines()
for row in text_list:                           #遍历列表
    print(row)                                  #输出列表中的元素
fo.close()
```

　　上面的操作存在一个缺点,因为. readlines( )方法一次性读取文件的所有内容,当文
件非常大时,会占用很多内存,影响程序执行速度。逐行读取文件内容到计算机内存,是
比较合理的方法。由于 Python 将文件本身作为一个行序列,所以遍历文件所有行的操作

可以简化为下面的样子：

```
fo = open("e601.txt", encoding = "utf - 8")
for row in fo:                              #按行遍历文件
    print(row)
fo.close()
```

两种方式结果相同,但是处理大文件时第二种方式效率更高,更为合理,推荐使用。

5. . write( )方法

. write(s)方法可以向文件中写入数据,参数 s 是一个字符串,每次调用会在当前读写位置写入 s 的内容,例如：

```
fo = open("e601write.txt", mode = "w")   #覆盖写模式打开, 若 e601write.txt 不存在则创建
fo.write("青衫磊落险峰行")                 #写入字符串
fo.write("玉璧月华明")                     #写入字符串
fo.close()
```

运行上面的代码后,会在 Python 源文件所在的文件夹中生成一个名为"e601write.txt"的文本文件,双击打开,可以看到其内容为：

青衫磊落险峰行玉璧月华明

6. . writelines( )方法

. writelines(s)方法用于将字符串列表 s 写入文件中,例如：

```
s = ["马疾香幽","崖高人远"]
fo = open("e601write.txt", mode = "a")    #追加写模式打开 e601write.txt
fo.writelines(s)
fo.close()
```

运行上面的代码后,在 Python 源文件所在的文件夹中找到 e601write. txt 文件,双击打开,可以看到其内容已经变为：

青衫磊落险峰行玉璧月华明马疾香幽崖高人远

由结果可见,. writelines( )方法并不会把列表中的每个元素作为一行,只是将其元素按顺序写入到文件中。另外需注意,代码中 open( )函数的 mode 设置为" a",即追加模式。

6.3.2 文件操作举例

例 6-1 读取指定文件

在 d 盘 ch6 文件夹中有文本文件:e601. txt 和 e601write. txt,其中 e601. txt 的编码格式为"utf – 8",e601write. txt 的编码格式为操作系统默认编码(可用 encoding = " gbk"、或者 encoding = " ansi"表示,或者省略 encoding 参数)编写程序从键盘输入文件名,读取该文件并按行将文件内容打印在屏幕上。

思路:可以在 ch6 文件夹下建立 Python 程序源文件,用 input( )函数接收从键盘输入的文件名,然后用 open( )打开文件进行读取操作。参考程序如下(程序文件 e601. py):

```
#例 6-1 读取指定文件,程序文件 e601.py
file_name  = input("请输入要打开的文件名：")
if file_name  == "e601.txt":
    coding  = "utf - 8"
elif file_name  == "e601write.txt":
    coding  = "ansi"                          #也可设置为"gbk"或 None
fo = open(file_name, encoding  = coding)
for line in fo:
    print(line)
fo.close()
```

运行程序,输入 e601. txt 或 e601write. txt,按行输出对应文件的内容。

例 6-2　文档整理 1

在 d 盘 ch6 文件夹中有一个名为 e602. txt 的文件,里面存储了很多判断题,每个题目占据一行,且题目与题目之间有一个空行,编写一个函数将空行去掉,文件 e602. txt 的部分内容截图如图 6-1 所示。文件的编码格式系统默认编码。

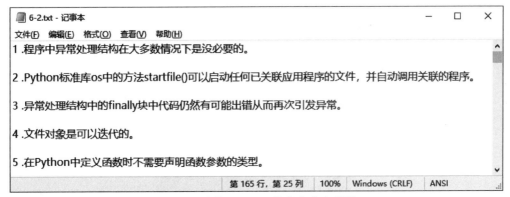

图 6-1　文件 e602. txt 的部分内容截图

思路:定义一个含有两个形参的函数,一个参数用于接收待整理的文件名(即 e602. txt),另一个参数用来保存新生成的文件(假定为 e602new. txt)。用 for 循环遍历 e602. txt 的每一行,然后判断是不是空行,如果不是空行就写到 e602new. txt 文件中,如果是空行就略过。

参考程序如下(程序文件 e602.py):

```
#例 6-2 文档整理 1,程序文件 e602.py
def fileorganize1(oldName, newName):
    file_old  = open(oldName)
    file_new  = open(newName,"w")
    for row infile_old:
        if row ! = " \n":
            file_new.write(row)
    file_old.close()
    file_new.close()
fileorganize1("e602.txt","e602new.txt")
```

运行程序,在 d 盘 ch6 文件夹中生成一个新的文件 e602new. txt,打开查看其内容,空行已经被删除。

例 6-3 文档整理 2

在 d 盘 ch6 文件夹中有一个名为 e603. txt 的文件,里面存储了很多选择题。编写程序将选择题的题干和选项分开,分别存储到 e603questions. txt 和 e603choices. txt 里,其他格式和内容不要改变。文件 e603. txt 的部分内容截图如图 6-2 所示,文件的编码格式为 utf - 8。

思路:类似例 6-2,可以逐行读取 e603. txt 的内容,分别把题干和选项写入到新的文件中,观察 e603. txt 文件内容的特点,选项行中都有特殊字符串" A. "、" B. "、" C. "、" D. "出现,比较容易区分,可以根据这个特点来确定读取的行是不是选项。

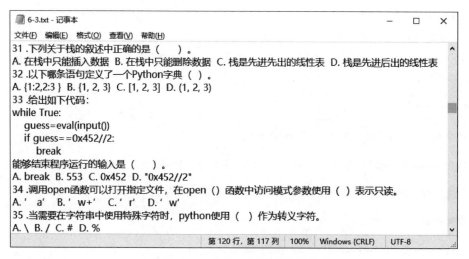

图 6-2 文件 e603. txt 的部分内容截图

参考程序如下(程序文件 e603.py):

```python
#例 6-3 文档整理 2,程序文件 e603.py
def fileorganize2(file_name):
    file_question = open(file_name[:-4] + "questions.txt","w")    #连接成新文件名
    file_choice  = open(file_name[:-4] + "choices.txt","w")
    file_old = open(file_name, encoding = "utf-8")
    for row in file_old:
        if "A." in row and "B." in row and "C." in row and "D." in row: #判断该行是否为选项
            file_choice.write(row)
        else:
            file_question.write(row)
    file_old.close()
    file_question.close()
    file_choice.close()
fileorganize2("e603.txt")
```

运行程序,在 d 盘 ch6 文件夹中生成了两个新的文件 e603questions. txt 和 e603choices. txt,打开查看其内容,问题和选项已经分开存储。

6.4　csv 文件的读写

6.4.1　csv 文件格式介绍

csv（Comma–Separated Values）是一种通用的、相对简单的文件格式,经常用于表格数据和数据库数据的导入导出。csv 文件通常由处理大量数据的程序创建,也可以由 Excel 文件另存或者导出得到。文件扩展名为. csv,可以通过文本编辑工具(如记事本、notepad ++ 等)或者 Excel 程序打开并编辑。csv 文件的特点是:

（1）以行为单位,每行表示一条记录;

（2）以英文逗号分割每列数据,如果数据为空,逗号也要保留;

（3）如果包含列名时,列名通常放置在文件第一行;

（4）纯文本格式,通过单一的编码表示字符。

当数据只有一行时,可以看成是一维数据;当数据有多行时,可以看成是二维数据,也称为表格数据。二维数据采用表格方式组织,常见的表格都属于二维数据。例如,中国校友会网公布的 2021—2022 中国大学排名榜单,截取部分内容如表 6-3 所示。

表 6-3　中国校友会 2022 中国大学排行榜

全国排名	学校名称	总分	星级排名	办学层次
1	北京大学	100	8★	世界一流大学
2	清华大学	99.84	8★	世界一流大学
3	上海交通大学	80.25	8★	世界一流大学
4	浙江大学	80.21	8★	世界一流大学
5	武汉大学	77.59	8★	世界一流大学
6	南京大学	77.52	8★	世界一流大学
6	复旦大学	77.52	8★	世界一流大学
8	中国科技技术大学	76.78	8★	世界一流大学

表 6-3 如果采用 csv 格式存储,其组织格式如下:

```
全国排名,学校名称,总分,星级排名,办学层次
1,北京大学,100,8★,世界一流大学
2,清华大学,99.84,8★,世界一流大学
3,上海交通大学,80.25,8★,世界一流大学
4,浙江大学,80.21,8★,世界一流大学
5,武汉大学,77.59,8★,世界一流大学
6,南京大学,77.52,8★,世界一流大学
6,复旦大学,77.52,8★,世界一流大学
8,中国科学技术大学,76.78,8★,世界一流大学
```

6.4.2 csv 文件表示和读写

因为 csv 文件是纯文本格式,所以操作文本文件的方法也适用于操作 csv 文件。可以根据 csv 文件的特点,将其每一行看作是一维数据,用一维列表表示,整个 csv 文件看作是二维数据,用二维列表表示。

例 6-4 从 csv 文件读取数据

在 d 盘 ch6 文件夹有一个名为 e604.csv 的文件,其中存储了中国校友会网公布的 2021—2022 中国大学排名榜单,编写程序,读取其中的前 5 行数据并打印到屏幕上。

思路:由于 csv 文件是纯文本格式,按行存储,可以在 for 循环使用.readline()方法读取一行数据,由于中文字符和数字在显示时所占用的宽度不一样,所以标题行单独设置打印格式,从第二行以后的数据使用统一的打印格式。

参考程序如下(程序文件 e604.py):

```python
#例 6-4 从 csv 文件读取数据, 程序文件 e604.py
fo = open("e604.csv")
head = fo.readline().strip()                              #读取第一行并去掉行尾的 \n
hs = head.split(",")                                      #以","分割字符串, 存储为列表 hs
print(f"{hs[0]} \t{hs[1]} \t\t{hs[2]} \t\t{hs[3]} \t{hs[4]}")   #调整列表中各元素的间距
for i in range(1,5):
    row = fo.readline()
    row = row.replace(",", "\t\t")                        #以两个制表符替换字符串中的","
    print(row.strip())
fo.close()
```

运行结果如图 6-3 所示。

```
================= RESTART: D:\ch6\e604.py =================
全国排名        学校名称              总分            星级排名        办学层次
1              北京大学              100             8★            世界一流大学
2              清华大学              99.84           8★            世界一流大学
3              上海交通大学          80.25           8★            世界一流大学
4              浙江大学              80.21           8★            世界一流大学
```

图 6-3 csv 文件的读取和输出结果

例 6-5 向 csv 文件写入数据

d 盘 ch6 文件夹下的 e605.txt 是一个单词表文件,其中每行存储了一个英文单词和单词含义,部分内容如下:

```
1.alter v.改变; 改动; 变更
2.burst vi./n.突然发生; 爆裂
3.dispose vi.除掉; 处置; 解决; 处理( of)
...
```

把该文件的内容转成英文单词占一列,词义占一列的 csv 格式,新的文件命名为

e605.csv,如下 :

```
alter,v.改变; 改动; 变更
burst,vi./n.突然发生; 爆裂
dispose,vi.除掉; 处置; 解决; 处理( of)
...
```

思路 :观察文件 e605. txt 中的每一行数据,每个单词前面都有一个"."，单词后面都有一个空格,读取这一行后使用字符串处理方法. find( )对"."和空格定位,然后再用切片的方法把单词和词义截取出来,最后用. write( )方法写入 e605. csv 文件。

参考程序如下(程序文件 e605. py) :

```
#例 6-5 向 csv 文件写入数据, 程序文件 e605.py
ftxt  = open("e605.txt",encoding  =  "utf8")
fcsv = open("e605.csv","w")                     #写模式打开 e605.csv 文件
for row in ftxt:
    pos1  = row.find(".")                        #找到第一个"."的位置
    pos2  = row.find(" ")                        #找到第一个空格的位置
    row  = row[pos1+1:pos2]  + ","  + row[pos2+1:] #截取单词和词义组合成新的字符串
    fcsv.write( row)                             #写入 csv 文件
ftxt.close()
fcsv.close()
```

运行程序,在 d 盘 ch6 文件夹中生成了 e605. csv 文件,用记事本或者 Excel 程序打开,检查文件内容。

*6.5　标准函数库 csv

除了直接使用文本文件的操作方法读写 csv 文件外,Python 还提供了 csv 标准库函数用于读写 csv 文件。csv 库中使用 csv. reader( )和 csv. writer( )函数读写 csv 格式表单数据。同其他标准库一样,使用 csv 库提供的函数前应该先用 import 导入 csv 库。

1. 使用 csv. reader( )读取文件

用 open 函数打开 csv 文件为一个文件对象,将这个文件对象传入 csv. reader( )函数,csv. reader( )函数会把 csv 文件的每一行转换成一个字符串列表,这是一个可迭代对象。可以用一个变量接收它,然后使用 for 循环进行遍历操作。

下面对 d 盘 ch6 文件夹的 e604. csv 文件进行读取操作,并打印前两列的内容:

```
import csv
fo  = open("e604.csv")                           #打开 e604.csv 文件为文件对象 fo
row_list  = csv.reader( fo)                       #将文件对象 fo 传入 csv.reader()
for row in row_list:                             #csv.reader( fo)返回的可迭代对象 row_list
    print( row[0:2])                             #截取子列表
fo.close()
```

截取运行结果的一部分,如下:

```
['全国排名','学校名称']
['1','北京大学']
['2','清华大学']
['3','上海交通大学']
...
```

2. 使用 csv. writer( )写入

csv 标准库的 csv. writer( )函数实现 csv 文件的写操作,与 csv. reader( )类似,首先要传递一个文件对象到 csv. writer( ),csv. writer( )返回一个负责数据写入的 csv 对象,该对象可以调用. writerow( )或者. writerows( )方法完成数据写入。

下面是将字符串列表写入 csv 文件的操作:

```
import csv
header = ['全国排名','学校名称']                          #表头
rows = [
            ['1','北京大学'],
            ['2','清华大学'],
            ['3','上海交通大学'],
            ['4','浙江大学'],
            ['5','武汉大学'],
        ]
fo = open("test.csv",mode = "w",newline = "")    #写模式打开 test.csv 文件
csv_writer = csv.writer(fo)                        #将 fo 传入 csv.writer()
csv_writer.writerow(header)                        #调用负责写入对象的方法,写入一行
csv_writer.writerows(rows)                         #调用负责写入对象的方法,写入多行
fo.close()
```

文件运行后,在源文件所在的文件夹下生成 test. csv 文件,双击打开查看写入的结果。如果将 header 中的数据放在 rows 二维列表中,可以一次完成写入,这里分开处理,是为了演示. writerow( )和. writerows( )方法的区别。注意,为了避免写入的 csv 文件中出现空行,打开文件时传入了一个命名参数 newline = " "。

*6.6   标准函数库 os

除了使用内置函数对文件读、写、创建等操作外,Python 中的 os 库也可以实现对文件的一些常见操作:如删除文件、重命名文件等。os 库是一个用于访问操作系统相关功能的模块,主要功能包括:目录操作、文件操作、执行命令、管理进程以及其他系统相关的操作。其中目录操作、文件操作在程序中十分常用,os 库中一些常见的与目录操作、文件操作相关函数如表 6-4 所示。

表 6-4　os 库中的常用函数(8 个)

函　　数	说　　明
os. getcwd( )	获取当前目录
os. mkdir(path)	创建名为 path 目录中的最后一层
os. makedirs(path)	创建名为 path 的目录
os. rmdir(path)	删除 path 目录中最后一层,且最后一层文件夹为空
os. listdir(path)	返回 path 目录下所有的文件和文件夹的字符串列表
os. chdir(path)	把当前目录更改为 path
os. rename(src, dst)	将文件或目录 src 重命名为 dst
os. remove(file)	删除文件 file

用 import 关键字引入 os 库后,使用以上函数时注意 path 或 file 参数是目录或者文件对应的字符串,例如:

```
>>> import os
>>> os.getcwd()
'C:\\Users\\Admin\\AppData\\Local\\Programs\\Python\\Python310'
```

上面 os. getcwd( )函数返回当前目录,其中"\\"是转义字符,代表"\"。转义字符请参考 2.4.2 小节。类似的操作例如:

```
>>> os.mkdir("e:\\aaa")          #在 e 盘下创建一个名为"aaa"的目录
>>> os.makedirs("e:\\bbb\\ccc")  #在 e 盘创建 bbb 目录,在 bbb 下创建 ccc
```

也可以使用原始字符串或者反斜杠"/"的方式实现相同的功能,例如:

```
>>>os.mkdir(r"e:\ddd")           #在 e 盘下创建一个名为"ddd"的目录
>>> os.mkdir("e:/eee")           #在 e 盘下创建一个名为"eee"的目录
```

另外 os 库中还有一些子库,其中 path 子库中几个跟目录及文件相关的常用函数,如表 6-5 所示。

表 6-5　os. path 库中的常用函数(4 个)

函　　数	说　　明
os. path. dirname(path)	返回 path 参数中路径名称字符串
os. path. basename(path)	返回 path 参数中文件名称字符串
os. path. split(path)	返回路径名为文件名组成的字符串元组
os. path. join(path1, path2)	把两个参数 path1 和 path2 拼接成路径

上面的 4 个函数经常用来分隔或拼接路径。引入 os 库后使用其 path 子库只要标出子库名即可,例如:

```
>>> import os
>>> p ="d:\\ch1\\e04_bingdd.py"
>>> os.path.dirname(p)
'd:\\ch1'
>>> os.path.basename(p)
```

```
'e04_bingdd.py'
>>> os.path.split(p)
('d:\\ch1','e04_bingdd.py')
>>> os.path.join("d:\\ch1", "e04_bingdd.py")
'd:\\ch1\e04_bingdd.py'
>>> os.path.join("d:\\ch1", "")          #第二个参数为空字符时,在最后追加\\
'd:\\ch1\\'
```

6.7 文件操作举例

例 6-6 *Twilight* 词频统计

对于一篇给定的文章,希望通过统计其中词语出现的次数,进而分析文章的大概内容,这就是"词频统计"问题。在网络信息自动检索和归档时,也会遇到类似的词频统计问题。

Twilight,《暮光之城》是美国作家斯蒂芬妮·梅尔(Stephenie Meyer)的系列魔幻小说,包括《暮色》《新月》《月食》《破晓》以及番外篇《布里·坦纳第二次短暂生命》《暮色重生》和《午夜阳光》。

《暮光之城》系列以伊莎贝拉·斯旺和吸血鬼爱德华·卡伦的"人鬼恋情"为主线,融合了吸血鬼传说、狼人故事、校园生活、恐怖悬念、喜剧冒险等各种元素,而凄美动人的爱情则是全书"最强烈的情绪"。该系列成为继"哈利波特"之后的国际魔幻系列代表。

从网络上找到该系列的文本后,保存在本地磁盘"d:\ch6\"文件夹下,命名为 e-606twilight.txt,编写程序统计 e606twilight.txt 中出现频率最高的 100 个单词,将统计结果存放到 e606counts.csv 文件中。

思路:词频统计其实就是一个累加问题,即对文档中的每个单词设计一个计数器,单词每出现一次,该计数器加 1。如果以单词为键,以计数器为值,构成"单词:计数器值"的键值对,就可以很好地解决该类问题。具体本案例为:

第一,要考虑英文单词分隔问题,在英文文章中单词和单词之间可以用空格、标点符号或特殊字符分隔,为了统一分隔方式,可以用字符串的.replace()方法将文章中的标点符号和特殊字符都替换为空格。

第二,要考虑大小写的问题,统计时不分大小写,可以使用字符串的.lower()方法全部转为小写。

接下来对每个单词进行计数,假设单词存放在 word 变量中,使用字典类型变量 counts 统计单词出现的次数。当一个新的单词出现时,可以通过 counts[word] = 1 建立一个新的计数器(键值对);如果某一个单词出现过,则可以通过 counts[word] = counts[word]+1 对该计数器进行修改。使用字典的.get()方法可以简洁地实现该功能,即:

```
counts[word] = counts.get(word, 0) + 1
```

counts.get(word, 0)表示:如果 word 是 counts 的键,则返回对应的值,如果 word 不

是 counts 的键,则返回 0。

第三,对单词的统计值从高到低排序,取前 100 个高频词连同次数保存到 csv 文件中。由于字典类型没有顺序,所以可以将字典转换成列表,借助列表. sort( )方法或者 sorted 函数实现排序。

定义函数 get_text( )对文本获取和整理进行封装,定义函数 count_words( )对统计和排序进行封装。参考程序如下(程序文件 e606. py):

```
#例 6-6 Twilight 词频统计,程序文件 e606.py
#定义 get_text()函数
def get_text(file_name):                          #获取文件并对文件进行格式整理
    fo  = open(file_name)
    txt = fo.read()
    txt = txt.lower()                              #全部转换成小写
    for ch in '=;... ,—— ""()?1234567890':
        txt  = txt.replace(ch," ")                 #替换特殊字符为空格
    fo.close()
    return txt
#定义 count_words()函数
def count_words(txt):                             #统计单词出现次数并排序
    word_list  = txt.split()                       #以空格分割字符串生成列表
    word_excludes  = {'the','to','he','her','a','of','it','at'}  #排除一些虚词
    counts  = {}                                   #字典,存放键值对"单词:出现次数"
    for word in word_list:
        counts[word]  = counts.get(word,0)  + 1
    for word in word_excludes:
        del counts[word]
    wordDicList = list(counts.items())            #将字典转成列表
    wordDicList.sort(key = lambda xx[1], reverse = True) #以出现次数为关键字排序
    return wordDicList
#主程序
twi_text  = get_text('e606twilight.txt')
ws  =count_words(twi_text)
fo  = open('e606counts.csv',mode = 'w')
for i in range(100):
    fo.write(ws[i][0]  + ',' + str(ws[i][1])  + '\n')
fo.close()
```

将程序源文件保存到 d 盘 ch6 文件夹下,运行程序,在 ch6 文件夹下生成了 e-606counts. csv 文件,打开该文件,发现其中还有不少虚词,可以把它们增加到 word_ex-cludes 集合中,重复执行程序,不断增加 word_excludes 集合中的词汇,排除更多无关词汇,得到有价值的高频词汇表。

PYTHON 程序设计
基础教程

练习题

选择题

1. 每个程序都具有的统一的运算模式是( )。

A. 顺序计算模式　　　　　　　　　B. 输入输出模式

C. 函数调用模式　　　　　　　　　D. IPO 模式

2. 以下关于数据维度的描述,错误的是( )。

A. 采用列表表示一维数据,不同数据类型的元素是可以的

B. JSON 格式可以表示比二维数据还复杂的高维数据

C. 二维数据可以看成是一维数据的组合形式

D. 字典不可以表示二维以上的高维数据

3. 以下程序输出到文件 **text. csv** 中的结果是( )。

```
fo = open("text.csv",'w')
x = [90,87,93]
z = []
for y in x:
    z.append(str(y))
fo.write(",".join(z))
fo.close()
```

A. [90,87,93]　　　　　　　　　B. 90,87,93

C. '[90,87,93]'　　　　　　　　D. '90,87,93'

4. 以下关于文件的描述,错误的是( )。

A. 二进制文件和文本文件的操作步骤都是"打开—操作—关闭"

B. open()打开文件之后,文件的内容并没有在内存中

C. open()只能打开一个已经存在的文件

D. 文件读写之后,需要调用 close()才能确保文件被保存在磁盘中

5. 以下关于 CSV 文件的描述,错误的选项是( )。

A. CSV 文件可用于不同工具间进行数据交换

B. CSV 文件格式是一种通用的,相对简单的文件格式,应用于程序之间转移表格数据。

C. CSV 文件通过多种编码表示字符

D. CSV 文件的每一行是一维数据,可以使用 Python 中的列表类型表示

6. 以下关于 **Python 文件对象 f** 的描述,错误的选项是( )。

A. f. closed 文件关闭属性,当文件关闭时,值为 False

B. f. writable()用于判断文件是否可写

C. f. readable()用于判断文件是否可读

D. f. seekable()判断文件是否支持随机访问

7. 关于以下代码的描述,错误的选项是( )。

```
with open('abc.txt','r+') as f:
    lines = f.readlines()
for item in lines:
    print(item)
```

A. 执行代码后,abc. txt 文件未关闭,必须通过 close( )函数关闭

B. 打印输出 abc. txt 文件内容

C. item 是字符串类型

D. lines 是列表类型

8. 关于 **Python** 文件的' + '打开模式,以下选项正确的描述是( )。

A. 追加写模式

B. 与 r/w/a/x 一同使用,在原功能基础上增加同时读写功能

C. 只读模式

D. 覆盖写模式

9. 以下关于文件的描述错误的选项是( )。

A. readlines( )函数读入文件内容后返回一个列表,元素划分依据是文本文件中的换行符

B. read( )一次性读入文本文件的全部内容后,返回一个字符串

C. readline( )函数读入文本文件的一行,返回一个字符串

D. 二进制文件和文本文件都是可以用文本编辑器编辑的文件

10. 有一个文件记录了 **1000** 个人的高考成绩总分,每一行信息长度是 **20** 个字节,若想只读取最后 **10** 行的内容,不可能用到的函数是( )。

A. seek( )   B. readline( )

C. open( )   D. read( )

11. 以下程序输出到文件 **text. csv** 中的结果是( )。

```
fo = open("text.csv",'w')
x = [90,87,93]
fo.write(",".join(str(x)))
fo.close()
```

A. [90,87,93]   B. [,9,0,,, ,8,7,,, ,9,3,]

C. 9,0,,, ,8,7,,, ,9,3,   D. 90,87,93

12. 文件 **text. txt** 里的内容如下:

```
QQ&Wechat
Google & Baidu
```

以下程序的输出结果是( )。

```
fo = open("text.txt",'r')
fo.seek(2)
print(fo.read(8))
fo.close()
```

PYTHON 程序设计
基础教程

A. Wechat   B. &Wechat

C. Wechat Go   D. &Wechat G

13. 以下程序的输出结果是( )。

```
fo = open("text.txt",'w+')
x,y ='this is a test','hello'
fo.write('{} +{} \n'.format(x,y))
fo.close()
```

A. this is a test hello   B. this is a test

C. this is a test,hello.   D. this is a test + hello

14. 以下关于 **Python** 文件的描述,错误的是( )。

A. open 函数的参数处理模式'a'表示追加方式打开文件,删除已有内容

B. open 函数的参数处理模式' + '表示可以对文件进行读和写操作

C. readline 函数表示读取文件的下一行,返回一个字符串

D. open 函数的参数处理模式'b'表示以二进制数据处理文件

15. 以下程序的输出结果是( )。

```
fo = open("text.csv",'w')
x = [[90,87,93],[87,90,89],[78,98,97]]
b = []
for a in x:
    for aa in a:
        b.append(str(aa))
fo.write(",".join(b))
fo.close()
```

A. 90,87,93,87,90,89,78,98,97

B. 90,87,93 87,90,89 78,98,97

C. [[90,87,93],[87,90,89],[78,98,97]]

D. [90,87,93,87,90,89,78,98,97]

上机实验

实验1 读取文件1

在 d 盘 ch6 文件夹下有一个名为 x01.txt 的文件,编写程序读取该文件的前 10 行并在屏幕上输出出来。

实验2 读取文件2

在 d 盘 ch6 文件夹下有一个名为 x01.txt 的文件,编写程序,输出文件的奇数行到屏幕上,即第 1、3、5、7…行,共输出 10 行。

实验3 写文件

编写程序将下面的字符串写入到 x03.txt 文件中,其中词牌名和作者各占一行,其余

内容每句一行。

poem ='''沁园春·长沙作者:毛泽东独立寒秋,湘江北去,橘子洲头。看万山红遍,层林尽染;漫江碧透,百舸争流。鹰击长空,鱼翔浅底,万类霜天竞自由。怅寥廓,问苍茫大地,谁主沉浮? 携来百侣曾游,忆往昔峥嵘岁月稠。恰同学少年,风华正茂;书生意气,挥斥方遒。指点江山,激扬文字,粪土当年万户侯。曾记否,到中流击水,浪遏飞舟? '''

实验4　整理单词表

在 d 盘 ch6 文件夹下有一个名为 x01.txt 的文件,文件中存储了很多单词,编写程序读取文件,根据其格式特征将其转存成 x04.csv 文件,其中英文单词占一列(去掉序号),中文含义占一列,如图 6-4 所示。

	A	B
1	alter	v. 改变;改动;变更
2	burst	vi./n. 突然发生;爆裂
3	dispose	vi. 除掉;处置;解决;处理(of)
4	blast	n. 爆炸;气流 vi. 炸;炸掉
5	consume	v. 消耗;耗尽
6	split	v. 劈开;割裂;分裂 a.裂开的
7	spit	v. 吐(唾液等);唾弃
8	spill	v. 溢出;溅出;倒出
9	slip	v. 滑动;滑落;忽略
10	slide	v. 滑动;滑落 n. 滑动;滑面;幻灯片
11	bacteria	n. 细菌

图 6-4　文件 x04.csv 部分内容截图

实验5　改进的生词本

例 4-2(简陋的生词本)实现的功能为:

输入 1,显示生词,如果生词本中没有单词,显示"生词本为空";

输入单词,检查单词是否在生词本中,如果在生词本中提示是否删除,如果不在生词本中提示是否添加;

输入 0,退出生词本程序。

在此基础上,编写一个改进的生词本程序,再次运行程序时能够查看、删除以前存储的单词,能添加新的生词。

第7章　利用计算生态编程

Python 语言诞生之初就致力于开源开放,基于这种开源开放的思想,现今 Python 已经建立起了全球最大的编程计算生态,为解决不同领域的各种问题提供了大量可重用的资源,这些资源就是 Python 的"库"。利用这些"库"资源,编写程序时可以不用再探究每个具体算法的编写,而是尽可能利用库中已有的代码,快速而高效地解决问题。本章通过几个典型实例讲解利用计算生态编程的思想。

7.1　计算生态概览

随着开源运动的兴起和发展,很多专业人士贡献了大量各领域的优秀研究开发成果,并通过开源的形式发布出来,到今天形成了 Python 庞大的计算生态。这些第三方贡献的可重用的代码被命名为库(library)、模块(module)、类(class)或程序包(package)等多种不同的名字,本书不对这些命名进行严格区分,都统一称为"库"。

Python 的计算生态离不开各种库的支持,Python 官方安装包中包含了一部分常用的库,随着安装包一起发布,安装 IDLE 后,用户可以直接使用,这些库称为 Python 标准库。标准库以外的库都称为第三方库,使用时需要单独安装。

7.1.1　Python 标准库

Python 标准库已经非常庞大,所提供的组件涉及范围十分广泛,标准库的数量在 300 个左右,提供了日常编程中许多问题的标准解决方案。按照相关功能划分这些标准库,大概可以分成下面的 29 个大类:

(1)文本处理服务相关
(2)二进制数据服务相关
(3)数据类型相关
(4)数字和数学模块相关
(5)函数式编程模块相关
(6)文件和目录访问相关
(7)数据持久化相关
(8)数据压缩和存档相关
(9)文件格式相关
(10)加密服务相关

（11）通用操作系统服务相关

（12）并发执行相关

（13）网络和进程间通信相关

（14）互联网数据处理相关

（15）结构化标记处理工具相关

（16）互联网协议和支持相关

（17）多媒体服务相关

（18）国际化相关

（19）程序框架相关

（20）Tk 图形用户界面（GUI）相关

（21）开发工具相关

（22）调试和分析相关

（23）软件打包和分发相关

（24）Python 运行时服务相关

（25）自定义 Python 解释器相关

（26）导入模块相关

（27）Python 语言服务相关

（28）Windows 系统相关模块相关

（29）Unix 专有服务相关

本书前 6 章中介绍过的几个标准库分属于上面不同的类别,如:math 库和 random 库属于数字和数学模块类、time 库和 os 库属于通用操作系统服务类、turtle 库属于程序框架类、csv 库属于文件格式类。

关于标准库的类别、详细信息、使用方法可以参考 Python 在线文档。

7.1.2　第三方库

除标准库以外,更广泛的计算生态被称为第三方库。PYPI(Python Package Index)是提供第三方库索引的官方网站。

第三方库的数量已经多达几十万个,并且还在不断增加,它们由全球各行业的专家、工程师和爱好者开发和维护。几乎涵盖了 IT 行业的各个领域,如科学计算、数据分析、数据可视化、文本处理、网络爬虫、人工智能、机器学习、web 开发、游戏开发、图形图像处理等。下面介绍一些热门领域的常用库。

1. 科学计算和数据分析

（1）NumPy,是 Python 科学计算的基础工具包,包括统计学、线性代数、矩阵数学、金融操作等,很多 Python 数据计算工作库都依赖它。针对数组运算提供大量的数学函数库,支持高维度数组与矩阵运算。

（2）Pandas,是一个用于 Python 数据分析的库,它的主要作用是进行数据分析。Pandas 提供的二维表格型数据结构 DataFrame,能对数据进行切片、切块、聚合、选择子集等精细化操作,便捷高效地进行结构化数据分析。

（3）Scipy,是一组专门解决科学和工程计算不同场景的主题工具包,用于计算

Numpy 矩阵,使 Numpy 和 Scipy 协同工作,高效解决科学和工程计算问题。

(4) Sympy,是一个 Python 的科学计算库,用一套强大的符号计算体系完成诸如多项式求值、求极限、解方程、求积分、微分方程、级数展开、矩阵运算等计算问题。

2. 数据可视化

(1) Matplotlib,是一个强大的 Python 绘图和数据可视化的工具包,可以生成多种多样的图表,只需要简单的函数就可以自主定制图表,添加文本、点、线、颜色、图像等元素。

(2) VTK(Visualization Toolkit),是一个开源的、跨平台的视觉函数工具库,主要用于三维计算机图形学、图像处理和可视化。

(3) Plotly,是一个交互式的、基于浏览器的 Python 图形库,支持散点图、3D 图等众多图形。

(4) Wordcloud,是一个优秀的词云展示第三方库,以词语为基本单位,通过可视化的图形方式,更加直观和艺术地展示文本。

3. 文本处理与分析

(1) PDFMiner,是从 PDF 文档中提取信息的工具,专注于获取和分析文本数据。允许获取页面中文本的确切位置、以及字体或线条等其他信息。可以将 PDF 文件转换为其他文本格式(如 HTML)。

(2) xlwings,是一个处理 Microsoft Excel 文档的 Python 第三方库,它支持读写 Excel 的 xls、xlsx、xlsm、xltx、xltm。

(3) python – docx,是一个处理 Microsoft Word 文档的 Python 第三方库,它支持读取、查询以及修改 doc、docx 等格式文件,并能够对 Word 常见样式进行编程设置。

(4) jieba,是一个中文处理和分析工具,能很好的实现中文词语的拆分。

4. 网络爬虫和 Web 信息提取

(1) requests,网络请求库,提供多种网络请求方法定义复杂的发送信息,对 HTTP 协议进行高度封装,具有非常丰富的链接访问功能。

(2) BS4(BeatifulSoup 4),BeatifulSoup 是一个处理 HTML/XML 的函数库。它提供的函数能够根据 HTML/XML 语法建立分析树,高效地解析其内容,为用户提供需要抓取的数据。

(3) scrapy,是一个快速、高层次的 web 数据抓取框架,用于抓取 web 站点并从页面中提取结构化的数据。Scrapy 用途广泛,可以用于数据挖掘、监测和自动化测试。

(4) Portia,是 scrapyhub 的一款可视化的爬虫规则编写工具。提供可视化的 Web 页面,只需通过点击标注页面上需要抽取的数据,即可完成规则的开发。

5. Web 开发

(1) Django,是 Python 生态中最流行的 Web 应用框架,使用 Python 语言开发,采用了 MTV(Model 模型、Template 模板、View 视图)框架模式。

(2) Pyramid,是一个通用的 Python Web 应用程序开发框架。它主要的目的是让 Python 开发者更简单的创建 Web 应用,相比 Django,Pyramid 是一个相对小巧、快速、灵活的开源 Python Web 框架。

（3）Flask,是轻量级 Web 应用框架,相比 Django 和 Pyramid,它也被称为微框架。使用 Flask 开发 Web 应用十分方便,甚至几行代码即可建立一个小型网站。通过扩展模块形式来支持数据库访问。

（4）Tornado,是一种非阻塞式 Web 服务器软件的开源版本。

6. 人工智能和机器学习

（1）Scikit－learn,是机器学习的核心程序库,基于 Numpy、Scipy、Matplotlib 构建的简单且高效的数据挖掘和数据分析工具,封装了大量经典以及最新的机器学习模型。

（2）NLTK,全称 Natural Language Toolkit,自然语言处理工具包,这是一个开源项目,包含数据集、Python 模块、教程等。

（3）TensorFlow,是基于谷歌公司神经网络算法开发的人工智能学习系统,广泛用于各类机器学习算法的编程实现。

（4）Caffe,是一个兼具表达性、速度和思维模块化的深度学习框架。主要用于计算机视觉,对图像识别的分类具有很好的应用效果。

（5）Theano,是一个中大规模神经网络算法机器学习框架,用于高效地解决多维数组的计算问题。

（6）Keras,是一个用 Python 编写的开源人工神经网络库,可以作为 Tensorflow、Microsoft－CNTK 和 Theano 的高阶应用程序接口,进行深度学习模型的设计、调试、评估、应用和可视化。

7. 图形图像处理

（1）Pillow（Python Image Library,PIL）,是 Python 中的图像处理库,提供了广泛的文件格式支持、强大的图像处理能力,主要包括图像储存,图像显示,格式转换以及基本的图像处理操作等。

（2）imageio,图形图像操作库,提供简单的接口来读取和写入大量的图像数据,支持几乎所有格式的图像和视频。

（3）OpenCV（Open Computer Vision Library）,开源计算机视觉库,是一个强大的图像处理和计算机视觉库,用于实时处理计算机视觉方面的问题,涵盖了很多计算机视觉领域的模块。

（4）simpleCV,是用于构建计算机视觉应用程序的开源框架,可以借助计算机视觉库处理来自网络摄像头、移动电话等视频设备的图像或视频流,而不需要关注图像或者视频的细节信息,如颜色深度、色彩空间、特征值、缓冲区管理等。

7.2　第三方库应用举例

本节通过介绍几个常见的第三方库和程序实例,体会利用生态编程的思想,编写出功能强大的程序,解决复杂的实际问题。

7.2.1　第三方库安装

在 Python 中,所有第三方库均要安装后才能使用,使用 Python 自带的 pip 工具在线

PYTHON 程序设计
基础教程

安装第三方库最简单方便。pip 工具有多种功能,但主要用于安装或者卸载第三方库。安装一个库的命令格式如下:

> pip install 第三方库名

注意,需要在 Windows 系统自带的命令提示符下执行该命令,例如,以安装 jieba 库为例,pip 工具能够自动下载第三方库并自动安装到系统中。

> C:\Users\Admin >pip install jieba
> Collecting jieba
> ...
> Installing collected packages: jieba
> Successfully installed jieba - 0.42.1

卸载一个库的命令格式如下:

> pip uninstall 第三方库名

在系统命令提示符下使用 pip list 可以显示已经安装的库:

> pip list

pip 工具在 Mac OS 和 Linux 操作系统中几乎可以安装任何第三方库,在 Windows 操作系统中会有少数安装失败的情况。导致安装失败的原因基本上是 Windows 系统缺少 c++编译工具,这时可以到 PYPI 官网下载编译好的第三方库,然后进行本地安装。

美国加州大学的一个页面(https://www.lfd.uci.edu/~gohlke/pythonlibs/)也提供下载,以 wordcloud 库为例,找到相应版本的库文件,下载到本地后用 pip 命令进行安装:

> pip install d:\wordcloud - 1.8.1 - cp310 - cp310 - win_amd64.whl

其中,d:\是文件保存位置,文件名中 1.8.1 是 wordcloud 的版本,cp310 代表 Python3.10 版本,amd64 代表 64 位 Windows 操作系统,下载时要注意版本号与本机的 Python 版本和 Windows 操作系统版本一致。

另外,如果系统中安装了其他的 Python 集成开发环境,这些开发环境会自动安装一些常用库和其依赖项。例如,Anoconda 是一个面向科学计算的开发环境,附带了 150 多个科学计算的第三方库。

7.2.2　第三方库 jieba

把单词从句子中提取出来对于英文来说比较简单,因为英文单词是用空格或者标点符号来分隔的。但是对于中文来说要提取某个单词就比较困难,因为中文词语之间缺少分隔符,这也是中文及类似语言特有的"分词"问题。

使用 Python 第三方库 jieba 可以方便的实现中文分词。jieba 依据中文词库进行分词,是一个优秀的中文分词第三方库,使用前需要安装,在系统自带的命令提示符下输入:

> pip install jieba

jieba 库支持 3 种分词模式:精确模式,将文本最精确的切分,适合文本分析;全模式,把文本中所有可以成词的词语都扫描出来,速度快,但不能消除歧义;搜索引擎模式,在精确模式的基础上,对长词再次切分,适合用于搜索引擎分词。

jieba 库包含的常用函数如表 7-1 所示。

表 7-1　jieba 库的常用函数(8 个)

函　　数	说　　明
jieba. cut(s)	对文本 s 进行精确模式分词,返回一个可迭代对象
jieba. cut(s, cut_all = True)	对文本 s 进行全模式分词,返回一个可迭代对象
jieba. cut_for_search(s)	对文本 s 进行搜索引擎模式分词,返回一个可迭代对象
jieba. lcut(s)	对文本 s 进行精确模式分词,返回一个列表
jieba. lcut(s, cut_all = True)	对文本 s 进行全模式分词,返回一个列表
jieba. lcut_for_search(s)	对文本 s 进行搜索引擎模式分词,返回一个列表
jieba. add_word(w)	向分词词典加入新词 w
jieba. del_word(w)	从分词词典中删除词汇 w

上表中的 . cut( )函数返回的是可迭代对象,可以使用 for 循环对其进行遍历;. lcut( )返回的是切分后的词汇组成的列表,可以对其应用列表的所有操作,更加灵活方便,例如:

```
>>> import jieba
>>> s = "有朋自远方来不亦乐乎"
>>> jieba.lcut(s)
['有朋自远方来','不亦乐乎']
>>> jieba.lcut(s,cut_all =True)
['有朋自远方来','远方','远方来','不亦乐乎','乐乎']
>>> jieba.lcut_for_search(s)
['远方','远方来','有朋自远方来','乐乎','不亦乐乎']
```

例 7-1　《天龙八部》人物出场次数统计

《天龙八部》是著名作家金庸先生的武侠代表作。著于 1963 年,历时 4 年创作完成(部分内容曾由倪匡代笔撰写)。小说以宋哲宗时代为背景,通过宋、辽、大理、西夏、吐蕃等王国之间的武林恩怨和民族矛盾,从哲学的高度对人生和社会进行审视和描写,展示了一幅波澜壮阔的生活画卷,其故事之离奇曲折、涉及人物之众多、历史背景之广泛、武侠战役之庞大,当属金庸武侠之最。

"天龙八部"有"世间众生"之意,全书主旨"无人不冤,有情皆孽",作品风格宏伟悲壮,是一部写尽人性,悲剧色彩浓厚的武侠史诗巨作。曾多次被改编成电影、电视剧、漫画及游戏。

《天龙八部》小说中的人物特点鲜明,各具特色,这些重要角色的出场次数各有多少呢？现在有了 jieba 库,就可对中文小说《天龙八部》进行分词了,分词后采用类似例 6-6 的方法进行词频统计。

从网络上找到《天龙八部》小说的电子版,保存在"D:\ch7\7 - 1\"文件夹下,将文件名修改为"e701 天龙八部. txt",将统计结果由高到低输出到屏幕上。参考代码如下:

```
import jieba
def get_text(file_name):
    fo = open(file_name, encoding = "ansi")
    txt = fo.read()
    words = jieba.lcut(txt)
    return words
def count_words(words):
    counts = {}
    for word in words:
        if len(word) == 1:
            continue
        else:
            counts[word] = counts.get(word,0) + 1
    word_list = list(counts.items())
    word_list.sort(key = lambda x:x[1], reverse = True)
    return word_list
txt = get_text("e701 天龙八部.txt")
role_list = count_words(txt)
for i in range(15):
    role,count = role_list[i]
    print(f"{role: <10s} \t{count: >5d}")
```

运行程序输出排名前 15 的词语,结果如下:

说道	2114
什么	2009
段誉	1937
自己	1628
虚竹	1516
一个	1396
萧峰	1275
武功	1067
不是	1063
一声	909
乔峰	859
王语嫣	857
慕容复	841
咱们	814
师父	782

观察输出结果,其中除了有不少常见词汇需要排除外,萧峰出现次数 1275,乔峰出现次数 859,显然这是同一个人物,需要对这种一个人有多个称呼的情况进行处理。另外还有比较长的称谓会被切分成多个词,比如:"丐帮帮主""南院大王""星宿老怪""镇南王世子"等,这些显然是某个人物的称谓,不应该拆分,可以使用 jieba.add_word( ) 先将其加入分词词典中,再分词时就不会被拆分。

完善后的参考程序如下(程序文件 e701.py):

```python
#例7-1 《天龙八部》人物出场次数统计, 程序文件 e701.py
import jieba
#定义 get_text() 函数
def get_text(file_name):
    fo = open(file_name,encoding = "ansi")
    txt = fo.read()
    for word in ["丐帮帮主","南院大王","镇南王世子",
                 "灵鹫宫主人","灵鹫宫宫主","吐蕃国师",
                 "星宿老仙","王姑娘","南海鳄神","岳老三"]:
        jieba.add_word(word)
    words = jieba.lcut(txt)
    return words
#定义 count_words() 函数
def count_words(words):
    word_excludes = {"说道","什么","自己","一个","武功","不是",
                     "师父","心中","不知","一声","咱们","知道",
                     "出来","便是","如何","突然","姑娘"}
    counts = {}
    for word in words:
        if len(word) == 1:
            continue
        elif word == "乔峰" or word == "丐帮帮主" or word == "南院大王":
            role = "萧峰"
        elif word == "誉儿" or word == "镇南王世子":
            role = "段誉"
        elif word == "灵鹫宫宫主" or word == "灵鹫宫主人":
            role = "虚竹"
        elif word == "语嫣" or word == "王姑娘":
            role = "王语嫣"
        elif word == "婉妹" or word == "婉儿":
            role = "木婉清"
        elif word == "吐蕃国师":
            role = "鸠摩智"
        elif word == "岳老三":
            role = "南海鳄神"
        elif word == "星宿老怪" or word == "星宿老仙":
            role = "丁春秋"
        else:
            role = word
        counts[role] = counts.get(role,0) + 1
    for word in word_excludes:
        del counts[word]
    word_list = list(counts.items())
    word_list.sort(key = lambda x:x[1], reverse = True)
    return word_list
#主程序
txt = get_text("e701 天龙八部.txt")
role_list = count_words(txt)
for i in range(10):
    role,count =role_list[i]
    print(f"{role: <10s} \t{count: >5d}")
```

PYTHON 程序设计
基础教程

运行程序,排名前 10 的词汇如下:

```
萧峰       2246
段誉       2001
虚竹       1524
王语嫣     1070
慕容复     841
木婉清     760
段正淳     741
他们       610
如此       600
丁春秋     596
```

由此可见,萧峰、段誉、虚竹是这部小说的三位主人公。排除更多的干扰词汇、整合一个人物多个称谓的情况、增加不可拆分的称谓表,总结出出场最多的 20 个人物,仅供参考:

段誉(2254)、萧峰(2246)、虚竹(1524)、王语嫣(1070)、慕容复(1066)、
木婉清(760)、段正淳(741)、丁春秋(596)、鸠摩智(569)、南海鳄神(525)、
游坦之(513)、阿朱(469)、包不同(401)、阿紫(360)、童姥(331)、
乌老大(302)、段延庆(298)、钟灵(279)、王夫人(238)、马夫人(220)

7.2.3　第三方库 imageio

程序中除了要处理文本数据和数值数据外,还会经常操作图形图像数据。第三方库 imageio 提供了非常简洁的图像数据操作接口,几乎支持所有类型的图形和图像,包括动图、视频等。

使用 pip 工具安装 imageio 库:

```
pip install imageio
```

imageio 库常用的函数如表 7-2 所示。

表 7-2　imageio 库的常用函数(4 个)

函　数	说　明
imageio. imread(uri[, format])	从文件 uri 中按照 format 格式读取一副图像
imageio. mimread(uri[, format])	从文件 uri 中按照 format 格式读取多副图像
imageio. imwrite(uri, im[, format])	将一副图像按照 format 格式写入文件 uri
imageio. mimwrite(uri, ims[, format])	将多副图像按照 format 格式写入文件 uri

下面代码先用 import 关键字引入 imageio 库,再用 . imread( )方法读取图像文件,最后使用 . imwrite( )方法将读取到的图像数据写入一个新的文件:

```
>>> import imageio
>>> im = imageio.imread("d:\\ch7\\e7_tfsu.jpg")
>>> imageio.imwrite("d:\\ch7\\e7_tjsu_new.png",im)
```

执行结果是从 d 盘 ch7 文件夹读取了 e7_tfsu. jpg 文件,然后将读取的图像数据重新

· 138 ·

写入 d 盘 ch7 文件夹下名为 e7_tjsu_new. png 新文件中。

例 7-2　生成 gif 动画文件

GIF 是可交换图形格式(Graphics Interchange Format) 的缩写,其最大的特点是一个文件存储多幅图像,可实现动画功能。生成. gif 文件的软件有很多种,也有很多在线生成 gif 动画图片的网站。

Python 的 imageio 库也可以轻松实现. gif 文件的生成。在"D : \ch7\7 − 2\7 − 2image\"下存放了一组图片,利用这组图片生成一张 gif 动画图像。

思路:用. imread( )方法逐个读取图片,作为元素存放到一个列表中,使用. mimwrite( )方法将列表中存储的图像数据重新写到一个. gif 文件中,设置切换时间间隔,从而实现动画效果。参考程序如下(程序文件 e702. py):

```
#例 7-2 生成 gif 动画文件, 程序文件 e702.py
import os
import imageio
image_list = []                                      #存储图片名称的列表
file_path = r"./7 - 2image"
for image in os.listdir(file_path):                  #提取文件夹下所有文件名
    image_list.append(image)                         #将其存储在列表中
gif_path = r"./e702new.gif"                           #设置生成 GIF 图片的文件名
frames = []
for im in image_list:
    im = os.path.join(file_path, im)                 #相当于 im = file_path + "/" + im
    frames.append(imageio.imread(im))                #读取图像数据, 存入列表
imageio.mimwrite(gif_path,frames, "GIF",duration = 0.2) #duration, 设置切换间隔, 单位 : 秒
print(gif_path +"生成成功！！！")
```

程序源文件 e702. py 存放到"D : \ch7\7 − 2\"下,运行程序,在"D : \ch7\7 − 2\"中生成 e702new. gif 动画文件,双击打开查看效果。

7.2.4　第三方库 wordcloud

词云是近些年在网络上流行的一种图形化信息传递方式。词云又叫词云图,是对文本数据中出现频率较高的"关键词"在视觉上的突出呈现,对关键词进行渲染形成类似云一样的彩色图片,只需一瞥就可以领略文本数据的主要表达意思。

使用 Python 的第三方库 wordcloud 可以方便的生成词云图。使用前先进行安装,在系统自带的命令提示符下输入以下命令:

```
pip install wordcloud
```

wordcloud 库需要其他库的支持,pip 工具会自动检测其他依赖库,如果没有会自动下载并进行安装。

wordcloud 是专门用于实现词云功能的库,以文本中词语出现的频率作为参数来绘制词云图,并支持对词云形状、颜色和大小等属性的设置。用 wordcloud 生成词云图一般有 3 个步骤:

（1）通过 wordcloud. WordCloud( )函数生成一个词云对象,注意区分大小写,例如:
wc = wordcloud. WordCloud( );

（2）调用词云对象的. generate(txt)方法对文本进行分析,生成词云;

（3）调用词云对象的. to_file(file)方法,把生成的词云输出到图像文件 file。

使用 wordcloud 前,先用 import 关键字引入库,下面代码从一段英文生成简单的词云图,如下:

```
import wordcloud
txt = "When life offers you a dream so far beyond any of your expectations,\
it's not reasonable to grieve when it comes to an end."
wc = wordcloud.WordCloud()                  #生成词云对象
wc.generate(txt)                            #依据 txt 生成词云
wc.to_file("wc.jpg")                        #将词云图输出到文件
```

执行上述代码,在保存程序源文件的文件夹中生成一个名为"wc. jpg"的图片文件,如图 7-1 所示。

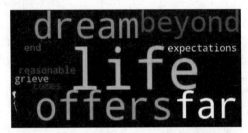

图 7-1　使用 wordcloud 生成词云图

上面的 wordcloud. WordCloud( )是词云库的函数,其功能是生成一个具体的词云对象(变量),如:

```
wc = wordcloud.WordCloud()
```

在调用 wordcloud. WordCloud( )函数生成词云对象时还可以设置参数,用来控制词云图的尺寸、背景颜色、字号、字体等属性,如:

```
wc = wordcloud.WordCloud(width = 800, height = 600, background_color = "white")
```

上面语句生成词云图片的大小为 800 * 600 像素,背景颜色为白色。wordcloud. WordCloud( )函数常用的参数如表 7-3 所示。

表 7-3　　wordcloud. WordCloud( )函数的常用参数

参　数	说　明
width	指定词云对象生成图片的宽度,默认 400 像素
height	指定词云对象生成图片的高度,默认 200 像素
min_font_size	指定词云中字体的最小字号,默认 4 号
max_font_size	指定词云中字体的最大字号,根据所生成图片的高度自动调节
font_step	指定词云中字体字号的步进间隔,默认为 1
font_path	指定字体文件的路径,默认 None
max_words	指定词云显示的最大单词数量,默认 200

参　数	说　明
stop_words	指定词云的排除词列表,即不显示的单词列表
mask	指定词云形状的图片对象,默认为长方形,
background_color	指定词云图片的背景颜色,默认为黑色

调用 wordcloud. WordCloud( )函数生成具体的词云对象 wc,词云对象借助自身的方法对传入的参数(文本或字典)进行操作,如:

```
wc.generate(txt)              #生成词云
wc.to_file("wc.jpg")          #输出到文件
```

词云对象常用的方法如表 7-4 所示。

表 7-4　词云对象的方法(5 个)

方　法	说　明
wc. generate(txt)	从文本 txt 生成一张词云
wc. generate_from_text(txt)	同上,从文本 txt 生成一张词云
wc. fit_words(txt_dict)	根据单词的频率来生成词云,txt_dict 是字典类型
wc. generate_from_frequencies(txt_dict)	同上,根据单词和频率来生成词云,txt_dict 是字典类型
wc. to_file(file)	将词云输出为图像文件,..png 或.jpg 格式

上表中.generate_from_text( )和.generate( )功能相似,根据给定文本生成词云。当已经知道单词出现频率时,可以使用. fit_words( )或. generate_from_frequencies( )根据"单词:频率"键值对组成的字典来生成词云,如:

```
import wordcloud
txt_dict = {"python":10, "c + +": 8, "java": 9, "VB":5, "javascrip": 6, "c":7}
wc = wordcloud.WordCloud(width =300, height = 600, background_color = "white")
wc.fit_words(txt_dict)
wc.to_file("wc.png")
```

执行上述代码,在保存源文件的文件夹中生成一个名为"wc. png"的图片文件,如图 7-2 所示。

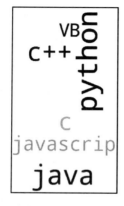

图 7-2　根据单词和频率生成词云图

例 7-3 《沁园春·雪》词云图

《沁园春·雪》写于 1936 年 2 月,1945 年毛泽东赴重庆与国民党和谈,南社诗人柳亚子写了一首七律《赠毛润之老友》又名《一九四五年八月三十日渝州曾家岩呈毛泽东》,并向毛泽东索诗,毛泽东即手书《沁园春·雪》相赠,同年 11 月这首词被《新民报晚刊》传抄发表,虽有讹错,一时亦广为传颂。

这首词意境之高冠绝毛泽东诗词,更被柳亚子盛赞为千古绝唱,叹为"中国有词以来第一作手,虽苏、辛犹未能抗手"。

将《沁园春·雪》这首词保存成文本文件,并命名为"e703 沁园春.txt",利用 word-cloud 库生成这首词的词云图。

思路:要生成中文文章词云图,首先要对中文文章进行分词处理,可以使用 jieba 库完成;然后需要设置中文字体来正确显示词云图中的文字,wordcloud. WordCloud( )函数中的参数 font_path 用于设置字体,只要指定系统中字体的名称即可,如:font_path = "FZSTK. TTF",指定生成词云时使用系统中的字体文件 FZSTK. TTF(方正舒体)。

Windows 操作系统字体文件的位置是"C:\Windows\Fonts",可以在该路径下查看字体文件的名称。参考程序如下(程序文件 e703. py):

```
#例 7-3 《沁园春·雪》词云, 程序文件 e703.py
import wordcloud
import jieba
fo = open("e703 沁园春.txt", encoding = "utf - 8")
txt = fo.read()
txt_list = jieba.lcut(txt)
txt = " ".join(txt_list)
wc = wordcloud.WordCloud(font_path = "FZSTK.TTF",\
                          width = 800, height = 300,\
                          background_color = "white")
wc.generate(txt)
wc.to_file("e703.jpg")
```

运行程序,在 e703. py 所在的文件夹中找到 e703. jpg 词云图片,如图 7-3 所示。

图 7-3 《沁园春·雪》词云图

设置 wordcloud. WordCloud( )函数中的 mask 参数,可以控制词云的形状,mask 指定的图案也叫做掩码图形,是一种带有透明区域的图像。例如,图 7-4 中两张图片,左边图片轮廓外侧白色部分是不透明的(像素颜色为白色),右边图片轮廓外侧灰白相间部分是透明的(没有任何像素)。mask 参数使用的掩码图形应该是右侧带有透明区域的图像,该文件存储在"D：\ch7\7 – 3\"文件夹下,名为"e703mask. png"。

图 7-4　不透明图案和透明图案对比

使用 imageio 库的. imread( )方法读取掩码图案后,将该图像对象赋值给 mask 参数,就可以生成不同形状的词云。

例 7-4　生成中国地图形状的二十大报告词云图

2022 年 10 月中国共产党第二十次全国代表大会在北京召开,这是在全党全国各族人民迈上全面建设社会主义现代化国家新征程、向第二个百年奋斗目标进军的关键时刻召开的一次十分重要的大会。

习近平总书记在大会上做了重要报告,报告全面总结了过去五年的工作和新时代十年的伟大变革,深刻阐述了开辟马克思主义中国化时代化新境界的最新成果,科学谋划了未来五年乃至更长时期党的使命和大政方针。报告具有很强的思想性、前瞻性、战略性、指导性,是凝聚全党智慧、顺应人民期待、综观世界大势、把握历史主动的好报告,是全党全国各族人民迈向全面建设社会主义现代化国家新征程的政治宣言。

报告全文有哪些关键词语呢? 我们通过制作二十大的词云图来快速了解一下二十大报告的精神实质。

将二十大报告保存成文本文件,并命名为"e704 二十大报告. txt",利用 wordcloud 库生成词云图。

思路:参考例 7-3,修改字体为微软雅黑,即:font_path = " msyh. ttc",增加"e-704mask. png"作为掩码图形,生成中国地图形状的词云图,参考代码如下(程序文件 e704. py):

```
#例7-4 生成中国地图形状的二大报告词云图, 程序文件 e704.py
import wordcloud
import jieba
from imageio import imread
mk = imread("e704mask.png")                #读取掩码图形
fo = open("e704 二十大报告.txt", encoding = "utf - 8")
```

```
txt  = fo.read()
txt_list  = jieba.lcut(txt)
for word in txt_list:                              #删除长度为1的词语
    if len(word)  == 1:
        txt_list.pop(txt_list.index(word))
txt  = " ".join(txt_list)
wc = wordcloud.WordCloud(font_path = "msyh.ttc", \
    background_color = "white", mask = mk)          #指定掩码参数 mask
wc.generate(txt)
wc.to_file("e704map.jpg")
fo.close()
```

运行程序,在源文件所在的文件夹中生成词云图文件 e704map. jpg,参考效果如图 7-5 所示。

图 7-5   中国地图形状的《二十大报告》词云图

7.2.5   第三方库 xlwings

Excel 文件是常用的办公软件之一,用它来存储数据,对于用户来说比. txt 格式或者. csv 格式更加方便,而且可以生成直观的图表,符合用户的使用习惯。Python 中有很多可以操作 Excel 文件格式的第三库,如:xlrd、xlwt、xlutils、xlwings、openpyxls、padas 等。本节介绍 xlwings 库中操作 Excel 文件的常用函数。

xlwings 库支持科学计算第三方库 Numpy 的数组和 Pandas 的数据类型,支持. xls 格式、. xlsx 格式文件读写,操作简单,功能十分强大。xlwings 库要求系统有预先安装好的

Excel 程序。

使用 pip 工具安装 xlwings 库：

```
pip install xlwings
```

安装成功后使用 import 关键字引入 xlwings 库，或者在引入时使用 as 关键字给 xl-wings 库起一个别名，如下：

```
import xlwings
```

或者

```
import xlwings as xw
```

在编写 Python 代码操作 Excel 前，先梳理一下工作簿、工作表、单元格区域的概念和关系。工作簿（workbook）通常是指一个 Excel 文件，工作簿中包含多个工作表（sheet），工作表中包含若干单元格，一个单元格或者多个单元格组成单元格区域（range），单元格的内容称为单元格的值（value）。

使用 xlwings 操作 Excel 文件时同样需要遵循"打开—操作—关闭"的规则。假设在"d:\ch7\"文件夹下有一个名为 wb1.xlsx 的工作簿，它的工作表 Sheet1 的 A1 单元的内容为 100，要在程序中访问这个数据，应该用 xlwings 库的函数先打开文件，然后进行操作，最后关闭该工作簿，如下所示：

```
import xlwings as xw                              #引入 xlwings 库，并使用 xw 作为别名
wb = xw.Book("d:\\ch7\\wb1.xlsx")                 #打开 d 盘 ch7 文件夹下的 wb1.xlsx 文件
v1 = wb.sheets["Sheet1"].range("A1").value        #取得 A1 单元格的值
print(v1)
wb.close()                                        #关闭工作簿
```

xlwings 库中有关工作簿新建、打开、保存、关闭以及插入工作表、写入数据等基本操作的方法或函数如表 7-5 所示。

表 7-5　xlwings 库中常用的方法或函数（11 个）

方法或函数	说　明
app = xw. App（［visible，add_book］）	返回程序对象 app，visible、add_book 默认取 True、False
wb = app. books. add（）	创建一个新工作簿，返回一个工作簿对象 wb
wb = app. books. open（wbook）	打开工作簿 wbook，可以包含路径，返回工作簿对象 wb
wb = xw. Book（）	创建一个新工作簿，返回一个工作簿对象 wb
wb = xw. Book（wbook）	打开工作簿 wbook，可以包含路径，返回工作簿对象 wb
sh = wb. sheets［sheetname］	打开 sheetname 工作表，返回工作表对象 sh
rng = sh. range（cells）	返回单元格区域 cells 的地址，cells 是形如'A1：B5'的字符串
x = rng. value	返回单元格区域 rng 值，当区域内有多个值时以列表返回
wb. save（wbook）	保存工作簿，wbook 是文件名，可以包含路径
wb. close（）	关闭工作簿
app. quit（）	退出应用程序

1. 创建工作簿

通过表 7-5 中的方法和函数 Python 就可以对 Excel 进行创建、读、写等基本操作了，

例如,通过下面的代码可以创建一个新的工作簿:

```
import xlwings as xw
app = xw.App()                  #启动应用程序进程,默认可见
wb = app.books.add()            #创建工作簿对象
wb.save("test.xlsx")            #在源程序所在文件夹下保存 test.xlsx 文件
wb.close()                      #关闭工作簿
app.quit()                      #退出程序进程
```

运行上面代码会在程序源文件所在的文件夹下生成一个名为 test. xlsx 的 Excel 文件。

2. 写入数据

Excel 中的一行或者一列数据可以对应 Python 中的一维列表或一维元组,Excel 中 m

行 n 列数据可以对应 Python 中的二维列表或二维元组。写入一行数据时,需要指出该单元格区域左上角的地址,写入一列或者 m 行 n 列数据时需要使用 range 对象的. options( ) 方法。例 7-5 展示了写入单个数据、单行数据、单列数据和 m 行 n 列数据的方法。

▲	A	B	C
1	学号	姓名	成绩
2	202201	萧峰	100
3	202202	段誉	98
4	202203	虚竹	95
5	202204	郭靖	97
6	202205	杨过	99
7	202206	张无忌	98

图 7-6　文件 **e705grade. xlsx** 的内容截图

例 7-5　创建工作簿

使用 xlwings 库提供的函数创建一个名为 e705grade. xlsx 的文件,并写入如下数据,其内容如图 7-6 所示。

参考程序如下(程序文件 e705. py):

```
#例 7-5 创建工作簿, 程序文件 e705.py
import xlwings as xw
app = xw.App()                                       #启动应用程序进程
wb = app.books.add()                                 #创建工作簿对象
sh = wb.sheets["sheet1"]                             #获取工作表对象
sh.range("a1").value = "学号"                         #写入单个数据, 在 a1 单元写入"学号"
sh.range("b1").value = "姓名"
sh.range("c1").value = "成绩"
sh.range("a2").value = [202201,"萧峰",100]
#写入一行, 把 202201, "萧峰",100 写入 a2,b2,c2
sh.range("a3").value = [202202,"段誉",98]
sh.range("a4").options(transpose =True).value = [202203,202204,202205,202206]
#写入一列
#把 202203,202204,202205,202206 分别写入 a4,a5,a6,a7
sh.range("b4").options(expand ="table").value = [["虚竹",95],["郭靖",97],["杨过",99],
                                                  ["张无忌",98]]
#写入 m 行 n 列
#把[['虚竹',95], ['郭靖',97], ['杨过',99], ['张无忌',98]]分别写入 b4:c7 的单元格
wb.save("e705grade.xlsx")                            #在源程序所在文件夹下保存文件
wb.close()                                           #关闭工作簿
app.quit()                                           #退出程序进程
```

运行上面程序会在程序源文件所在的文件夹下生成一个名为 e705grade. xlsx 的 Ex-
cel 文件,并写入了题目所要求填入的数据。本例代码中可以将所有数据存入一个二维
列表中,使用. options(expand = 'table') 一次完成写入。

3. 读取数据

从 Excel 中读取数据比较简单,只需要将单元格区域 range 的值 value 赋值给一个变
量即可,Python 能够根据单元格区域自动将数据存放到适合的变量中,例如:

```
v1 = wb.sheets["Sheet1"].range("A1").value      #将 A1 单元格的值, 赋给变量 v1
v2 = wb.sheets["Sheet1"].range("A1:C1").value   #将 A1: C1 单元格的值, 赋给变量一维列表 v2
v3 = wb.sheets["Sheet1"].range("A1:C3").value   #将 A1: C3 单元格的值, 赋给变量二维列表 v3
```

4. 工作表的常用方法

在 Excel 中对工作表(sheet)会进行激活、添加、删除、清除内容等操作,xlwings 库中
对应的有关操作工作表的方法和函数,如表 7-6 所示,wb 是工作簿对象。

表 7-6　xlwings 库中跟工作表操作相关的常用方法或函数(5 个)

方法或函数	说　明
wb. sheets[sheetname]	打开 sheetname 工作表,返回工作表对象 sh
wb. sheets. add(sheetname)	添加一个名为 sheetname 的工作表,返回工作表对象 sh
wb. sheets[sheetname]. delete( )	删除名为 sheetname 的工作表
wb. sheets[sheetname]. activate( )	激活 sheetname 工作表为活动工作表
wb. sheets[sheetname]. clear( )	清除 sheetname 工作表的格式和内容

5. 单元格的常用方法和属性

在 Excel 中对单元格的操作最多,除了添加、删除数据,还有设置字体、边框、底纹等,
单元格区域 range 是工作表 sheets 的子类,xlwings 库中对应的操作单元格区域的方法或
属性,如表 7-7 所示,rng 代表单元格区域。

表 7-7　xlwings 库中跟单元格操作相关的常用方法或函数(29 个)

方法或属性	说　明
rng. value	返回单元格区域的值,当区域内有多个值时以列表返回
rng. get_address( )	取得当前 range 的地址
rng. current_region	返回当前单元格区域
rng. clear( )	清除格式和内容
rng. color	取得 range 的背景色,以元组形式返回 RGB 值
rng. color = (x, y, z)	设置 range 的颜色,x, y, z 是 0 ~ 255 之间的整数
rng. color = None	清除 range 的背景色
rng. column	获得 range 的第一列列标

方法或属性	说　明
rng. count	返回 range 中单元格的数量
rng. end(direct)	direct 取'down' , 'up' , 'left', 'right', 返回 ctrl + 方向箭头对应的单元格
rng. formula	获取公式
rng. formula = 'formula'	输入符合 Excel 规则的公式, 以 = 开头的字符串, 如: ' = sum(c2: c7) '
rng. column_width	获得列宽
rng. width	返回 range 的总宽度
rng. last_cell	获得 range 中右下角最后一个单元格
rng. offset(m, n)	单元格区域平移 m 行, n 列
rng. row	range 的第一行行标
rng. row_height	行的高度, 所有行一样高返回行高, 不一样返回 None
rng. height	返回 range 的总高度
rng. shape	返回 range 的行数和列数, 以元组返回
rng. rows	返回 range 的所有行
rng. rows[0]	range 的第一行
rng. rows. count	range 的总行数
rng. columns	返回 range 的所有列
rng. columns[0]	返回 range 的第一列
rng. columns. count	返回 range 的列数
rng. autofit( )	所有 range 的大小自适应
rng. columns. autofit( )	所有列宽度自适应
rng. rows. autofit( )	所有行宽度自适应

6. 生成图表

在 Excel 工作表中, 还经常会根据数据生成一些直观的图表, 例如, 柱状图、折线图、饼图等, 在 xlwings 库中图表对应的对象是 charts, charts 是工作表 sheets 的子类, xlwings 库中跟图表 charts 相关的常用方法或属性, 如表 7-8 所示。

表 7-8　xlwings 库中跟图表操作相关的常用方法或函数(3 个)

方法或属性	说　明
sht. charts. add(x, y)	在工作表中添加图表, x, y 是图表位置, 单位为像素
chart. set_source_data(rng)	设置图表的数据源, rng 为单元区域
chart. chart_type	图表类型字符串, 如: 'radar'、'radar_filled'、'pie'等

上表中 chart. chart_type 是生成图表的类型,与 Excel 中的图表类型相对应,chart. chart_type 可以取如下代表图表类型的字符串:'3d_area'、'3d_area_stacked'、'3d_area_ stacked_100'、'3d_bar_clustered' 、'3d_column_clustered'、'area'、'area_stacked'、'area_stacked_ 100'、'bar_clustered'、'bar_of_pie'、'bubble''、'column_clustered'、'line'、'pie'、'pyramid_bar_ clustered'、'radar'、'radar_filled'、'xy_scatter'等类型。

例 7-6　生成游戏角色属性雷达图

下面的程序使用 xlwings 库的函数生成一个新的工作簿,在工作簿中建立一个名为 "role"的工作表,在工作表中随机生成一批(9 个)游戏角色的属性数据、包括姓名 (NAME)、体力(HP)、魔法(MP)、攻击(ATT)、防御(DEF)、速度(SP)等属性,并根据这些属性,生成每个角色的雷达图。

参考程序如下(程序文件 e706. py):

```
#例 7-6 生成游戏角色属性雷达图, 程序文件 e706.py
import xlwings as xw
from random import randint
def creat_role():                                    #函数, 创建一个角色
    name = ""
    for i in range(randint(2,8)):
        name = name + chr(randint(12353,12449))      #用日文假名作为角色名字
    health = randint(500,1000)
    magic = randint(200,800)
    attack = randint(200,400)
    defence = randint(150,350)
    speed = randint(300,600)
    return (name,health,magic,attack,defence,speed)
def draw_chart(x,y,rng,chartType):                   #函数, 绘制人物属性雷达图
    chart = sh.charts.add(x,y)                       #x, y 是生成图表的位置
    chart.set_source_data(rng)                       #rng 是数据源的单元格地址
    chart.chart_type = chartType                     #chartType 是图表类型
app = xw.App()
wb = app.books.add()
sh = wb.sheets.add("role")
wb.sheets["Sheet1"].delete()
role_list = []                                       #存储角色的列表
for i in range(9):
    role = creat_role()
    role_list.append(role)
sh.range("a1").value = ["Name","HP","MP","ATT","DEF","SP"]  #写入表头数据
sh.range("a2").options(expand="table").value =role_list     #写入角色数据
sh.range("a1").current_region.autofit()              #调整列宽
rows_count = sh.range("a1").current_region.rows.count  #获取当前单元格区域的行数
for i in range(1,rows_count):                        #循环绘制 10 个角色的雷达图
```

```
      x = ((i-1)%3)*400 + 300
      y = (i-1)//3*250 + 10
      rng = sh.range(f"a1:f1,a{i+1}:f{i+1}")        #不连续的单元格区域用逗号连接
      draw_chart(x,y,rng, "radar_filled")
wb.save("e706.xlsx")
wb.close()
app.quit()
```

运行程序,在源文件所在的文件夹下生成一个名为"e706.xlsx"的 Excel 文件,双击打开查看内容,如图 7-7 所示。

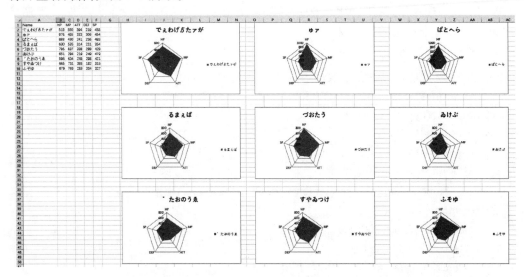

图 7-7   例 7-6 运行结果

有关本节介绍的几个第三方库的更多函数可以查看 PYPI 官方文档资料,这里不再赘述。

在计算生态思想的指导下,编写程序的起点不再是探究每个具体问题的算法,而是尽可能地利用已有第三方库的函数或者模块,用最简洁的代码编写出功能强大的程序。就像第三方库 xlwings 的名字一样,给自己 Python 程序插上腾飞的翅膀。

练习题

选择题

1. 以下属于 **Python** 文本处理第三方库的选项是（　　　）。

A. matplotib

B. openpyxl

C. wxpython

D. vispy

2. 用于安装 **Python** 第三方库的工具是（　　　）。

A. jieba

B. yum

C. loso

D. pip

3. 以下关于 **Python** 内置库、标准库和第三方库的描述，正确的是（　　　）。

A. 第三方库需要单独安装才能使用

B. 内置库里的函数不需要 import 就可以调用

C. 第三方库有三种安装方式，最常用的是 pip 工具

D. 标准库跟第三方库发布方法不一样，是跟 Python 安装包一起发布的

4. 以下属于 **Python** 图像处理第三方库的是（　　　）。

A. mayavi

B. TVTK

C. Pygame

D. PIL

5. 以下选项中是 **Python** 中文分词的第三方库的是（　　　）。

A. jieba

B. itchat

C. time

D. turtle

6. 在 **Python** 互联网数据处理相关的主要模块中，（　　　）模块提供电子邮件与 **MIME** 处理包功能。

A. email

B. json

C. mailcap

D. mailbox

7. 在 **matplotlib.pyplot** 模块中绘制折线图，可使用以下（　　　）绘制函数。

A. plot（ ）

B. bar（ ）

C. pie（ ）

D. scatter（ ）

8. 在 **matplotlib.pyplot** 模块中绘制散点图，可使用以下（　　　）绘制函数。

A. plot（ ）

B. bar（ ）

C. pie（ ）

D. scatter（ ）

9. 以下属于 **Python** 机器学习第三方库的是（　　　）。

A. sklearn

B. NTLK

C. Wordcloud

D. jieba

10. 在 **matplotlib.pyplot** 模块中绘制饼图，可使用以下（　　　）绘制函数。

A. plot（ ）

B. bar（ ）

C. pie（ ）

D. scatter（ ）

上机实验

实验1　《笑傲江湖》人物出场次数统计

参照例7-1,统计金庸先生的武侠小说《笑傲江湖》中各个人物的出场次数,筛选出出场次数排名前十的名单。《笑傲江湖》的文本文件请自行去网络下载。

实验2　生成词云

参照例7-3,生成毛主席的《沁园春·长沙》的词云图。《沁园春·长沙》的文本文件请自己创建或者使用第6章生成的 x03. txt 文件。

实验3　gif 动图拆解

将给定的 x03. gif 图片拆分成多张静态 png 图片。

附录 A　练习题答案

第 1 章　练习题

1—5：BCDCA　6—10：BDBAA

第 2 章　练习题

1—5：BBBBA　6—10：BDDDB　11—15：CCDBA　16—20：BCCCC
21—25：CABAD

第 3 章　练习题

1—5：DCDCC　6—10：DBCCB　11—15：ADADA　16—20：DBBAA
21—25：AADDC　26—30：DBBDD

第 4 章　练习题

1—5：BBDDD　6—10：ADCDA　11—15：CCDBB　　16—20：DADAD
21—25：DDDDB　26—30：BCAAA

第 5 章　练习题

1—5：DCBAD　6—10：CDBAD　11—15：DBCDD　16—20：CDBCB

第 6 章　练习题

1—5：DDBCC　6—10：AABDD　11—15：BBDAA

第 7 章　练习题

1—5：BDDDA　6—10：AADAC

附录 B 上机实验参考答案

第 1 章 上机实验

实验 1：Python 之禅

参考代码：

```
>>>import this
```

实验 2：打印金字塔

参考代码：

```
print("*","***","*****",sep = "\n")
```

实验 3：绘制"冰墩墩"

参考代码：

```
import turtle
turtle.setup(800,600)
# 速度
turtle.speed(10)
# 左手
turtle.penup()
turtle.goto(176, 111)
turtle.pencolor("lightgray")
turtle.pensize(3)
turtle.fillcolor("white")
turtle.begin_fill()
turtle.pendown()
turtle.setheading(80)
turtle.circle(-45, 210)
turtle.circle(-290, 25)
turtle.end_fill()
# 左手内
turtle.penup()
turtle.goto(182, 95)
turtle.pencolor("black")
turtle.pensize(1)
turtle.fillcolor("black")
turtle.begin_fill()
turtle.setheading(95)
```

```
turtle.pendown()
turtle.circle( - 37, 160)
turtle.circle( - 20, 50)
turtle.circle( - 200, 30)
turtle.end_fill()
# 轮廓
# 头顶
turtle.penup()
turtle.goto( - 73, 230)
turtle.pencolor( "lightgray")
turtle.pensize(3)
turtle.fillcolor( "white")
turtle.begin_fill()
turtle.pendown()
turtle.setheading(20)
turtle.circle( - 250, 35)
# 左耳
turtle.setheading(50)
turtle.circle( - 42, 180)
# 左侧
turtle.setheading( - 50)
turtle.circle( - 190, 30)
turtle.circle( - 320, 45)
# 左腿
turtle.circle(120, 30)
turtle.circle(200, 12)
turtle.circle( - 18, 85)
turtle.circle( - 180, 23)
turtle.circle( - 20, 110)
turtle.circle(15, 115)
turtle.circle(100, 12)
# 右腿
turtle.circle(15, 120)
turtle.circle( - 15, 110)
turtle.circle( - 150, 30)
turtle.circle( - 15, 70)
turtle.circle( - 150, 10)
turtle.circle(200, 35)
turtle.circle( - 150, 20)
# 右手
turtle.setheading( - 120)
turtle.circle(50, 30)
turtle.circle( - 35, 200)
turtle.circle( - 300, 23)
# 右侧
turtle.setheading(86)
turtle.circle( - 300, 26)
# 右耳
turtle.setheading(122)
```

```
turtle.circle( - 53, 160)
turtle.end_fill()
# 右耳内
turtle.penup()
turtle.goto( - 130, 180)
turtle.pencolor("black")
turtle.pensize(1)
turtle.fillcolor("black")
turtle.begin_fill()
turtle.pendown()
turtle.setheading(120)
turtle.circle( - 28, 160)
turtle.setheading(210)
turtle.circle(150, 20)
turtle.end_fill()
# 左耳内
turtle.penup()
turtle.goto(90, 230)
turtle.setheading(40)
turtle.begin_fill()
turtle.pendown()
turtle.circle( - 30, 170)
turtle.setheading(125)
turtle.circle(150, 23)
turtle.end_fill()
# 右手内
turtle.penup()
turtle.goto( - 180, - 55)
turtle.fillcolor("black")
turtle.begin_fill()
turtle.setheading( - 120)
turtle.pendown()
turtle.circle(50, 30)
turtle.circle( - 27, 200)
turtle.circle( - 300, 20)
turtle.setheading( - 90)
turtle.circle(300, 14)
turtle.end_fill()
# 左腿内
turtle.penup()
turtle.goto(108, - 168)
turtle.fillcolor("black")
turtle.begin_fill()
turtle.pendown()
turtle.setheading( - 115)
turtle.circle(110, 15)
turtle.circle(200, 10)
turtle.circle( - 18, 80)
turtle.circle( - 180, 13)
```

```
    turtle.circle( - 20, 90)
    turtle.circle(15, 60)
    turtle.setheading(42)
    turtle.circle( - 200, 29)
    turtle.end_fill()
    # 右腿内
    turtle.penup()
    turtle.goto( - 38, - 210)
    turtle.fillcolor("black")
    turtle.begin_fill()
    turtle.pendown()
    turtle.setheading( - 155)
    turtle.circle(15, 100)
    turtle.circle( - 10, 110)
    turtle.circle( - 100, 30)
    turtle.circle( - 15, 65)
    turtle.circle( - 100, 10)
    turtle.circle(200, 15)
    turtle.setheading( - 14)
    turtle.circle( - 200, 27)
    turtle.end_fill()
    # 右眼
    # 眼圈
    turtle.penup()
    turtle.goto( - 64, 120)
    turtle.begin_fill()
    turtle.pendown()
    turtle.setheading(40)
    turtle.circle( - 35, 152)
    turtle.circle( - 100, 50)
    turtle.circle( - 35, 130)
    turtle.circle( - 100, 50)
    turtle.end_fill()
    # 眼珠
    turtle.penup()
    turtle.goto( - 47, 55)
    turtle.fillcolor("white")
    turtle.begin_fill()
    turtle.pendown()
    turtle.setheading(0)
    turtle.circle(25, 360)
    turtle.end_fill()
    turtle.penup()
    turtle.goto( - 45, 62)
    turtle.pencolor("darkslategray")
    turtle.fillcolor("darkslategray")
    turtle.begin_fill()
    turtle.pendown()
    turtle.setheading(0)
```

```
    turtle.circle(19, 360)
    turtle.end_fill()
    turtle.penup()
    turtle.goto( - 45, 68)
    turtle.fillcolor("black")
    turtle.begin_fill()
    turtle.pendown()
    turtle.setheading(0)
    turtle.circle(10, 360)
    turtle.end_fill()
    turtle.penup()
    turtle.goto( - 47, 86)
    turtle.pencolor("white")
    turtle.fillcolor("white")
    turtle.begin_fill()
    turtle.pendown()
    turtle.setheading(0)
    turtle.circle(5, 360)
    turtle.end_fill()
    # 左眼
    # 眼圈
    turtle.penup()
    turtle.goto(51, 82)
    turtle.fillcolor("black")
    turtle.begin_fill()
    turtle.pendown()
    turtle.setheading(120)
    turtle.circle( - 32, 152)
    turtle.circle( - 100, 55)
    turtle.circle( - 25, 120)
    turtle.circle( - 120, 45)
    turtle.end_fill()
    # 眼珠
    turtle.penup()
    turtle.goto(79, 60)
    turtle.fillcolor("white")
    turtle.begin_fill()
    turtle.pendown()
    turtle.setheading(0)
    turtle.circle(24, 360)
    turtle.end_fill()
    turtle.penup()
    turtle.goto(79, 64)
    turtle.pencolor("darkslategray")
    turtle.fillcolor("darkslategray")
    turtle.begin_fill()
    turtle.pendown()
    turtle.setheading(0)
    turtle.circle(19, 360)
```

```
turtle.end_fill()
turtle.penup()
turtle.goto(79, 70)
turtle.fillcolor("black")
turtle.begin_fill()
turtle.pendown()
turtle.setheading(0)
turtle.circle(10, 360)
turtle.end_fill()
turtle.penup()
turtle.goto(79, 88)
turtle.pencolor("white")
turtle.fillcolor("white")
turtle.begin_fill()
turtle.pendown()
turtle.setheading(0)
turtle.circle(5, 360)
turtle.end_fill()
# 鼻子
turtle.penup()
turtle.goto(37, 80)
turtle.fillcolor("black")
turtle.begin_fill()
turtle.pendown()
turtle.circle( - 8, 130)
turtle.circle( - 22, 100)
turtle.circle( - 8, 130)
turtle.end_fill()
# 嘴
turtle.penup()
turtle.goto( - 15, 48)
turtle.setheading( - 36)
turtle.begin_fill()
turtle.pendown()
turtle.circle(60, 70)
turtle.setheading( - 132)
turtle.circle( - 45, 100)
turtle.end_fill()
# 彩虹圈
turtle.penup()
turtle.goto( - 135, 120)
turtle.pensize(5)
turtle.pencolor("cyan")
turtle.pendown()
turtle.setheading(60)
turtle.circle( - 165, 150)
turtle.circle( - 130, 78)
turtle.circle( - 250, 30)
turtle.circle( - 138, 105)
```

```
turtle.penup()
turtle.goto( - 131, 116)
turtle.pencolor("slateblue")
turtle.pendown()
turtle.setheading(60)
turtle.circle( - 160, 144)
turtle.circle( - 120, 78)
turtle.circle( - 242, 30)
turtle.circle( - 135, 105)
turtle.penup()
turtle.goto( - 127, 112)
turtle.pencolor("orangered")
turtle.pendown()
turtle.setheading(60)
turtle.circle( - 155, 136)
turtle.circle( - 116, 86)
turtle.circle( - 220, 30)
turtle.circle( - 134, 103)
turtle.penup()
turtle.goto( - 123, 108)
turtle.pencolor("gold")
turtle.pendown()
turtle.setheading(60)
turtle.circle( - 150, 136)
turtle.circle( - 104, 86)
turtle.circle( - 220, 30)
turtle.circle( - 126, 102)
turtle.penup()
turtle.goto( - 120, 104)
turtle.pencolor("greenyellow")
turtle.pendown()
turtle.setheading(60)
turtle.circle( - 145, 136)
turtle.circle( - 90, 83)
turtle.circle( - 220, 30)
turtle.circle( - 120, 100)
turtle.penup()
# 爱心
turtle.penup()
turtle.goto(220, 115)
turtle.pencolor("brown")
turtle.pensize(1)
turtle.fillcolor("brown")
turtle.begin_fill()
turtle.pendown()
turtle.setheading(36)
turtle.circle( - 8, 180)
turtle.circle( - 60, 24)
turtle.setheading(110)
turtle.circle( - 60, 24)
```

```
turtle.circle( - 8, 180)
turtle.end_fill()
# 五环
turtle.penup()
turtle.goto( - 5, - 170)
turtle.pendown()
turtle.pencolor("blue")
turtle.circle(6)
turtle.penup()
turtle.goto(10, - 170)
turtle.pendown()
turtle.pencolor("black")
turtle.circle(6)
turtle.penup()
turtle.goto(25, - 170)
turtle.pendown()
turtle.pencolor("brown")
turtle.circle(6)
turtle.penup()
turtle.goto(2, - 175)
turtle.pendown()
turtle.pencolor("lightgoldenrod")
turtle.circle(6)
turtle.penup()
turtle.goto(16, - 175)
turtle.pendown()
turtle.pencolor("green")
turtle.circle(6)
turtle.penup()
turtle.pencolor("black")
turtle.goto( - 16, - 160)
turtle.write("BEIJING 2022", font =('Arial', 10,'bold italic'))
turtle.hideturtle()
turtle.done()
```

第 2 章　上机实验

实验 1：BMI 指数

参考代码：

```
weight  = float(input("请输入您的体重(kg)："))
hight  = float(input("请输入你的身高(m)："))
print("中国人第 BMI 标准如下：")
print("BMI <18.5：偏轻")
print("18.5 <=BMI <24：正常")
print("24 <=BMI <28：偏重")
print("BMI >=28：肥胖")
bmi  = weight/hight/hight
print(f"您的 BMI 指数为：{bmi:0.2f}")
```

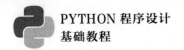
实验2：天天向上

参考代码：

```
dayup = (1 +0.001)**365
daydown = (1 - 0.001)**365
print(f"每天进步千分之一,一年后:{dayup:.2f}")
print(f"每天退步千分之一,一年后:{daydown:.2f}")
```

实验3：打印七古

参考代码：

```
poem ='''云开衡岳积阴止,天马凤凰春树里。年少峥嵘屈贾才,山川奇气曾钟此。君行吾为发浩歌,
鲲鹏击浪从兹始。洞庭湘水涨连天,艟艨巨舰直东指。无端散出一天愁,幸被东风吹万里。丈夫何事足萦
怀,要将宇宙看稊米。沧海横流安足虑,世事纷纭何足理。管却自家身与心,胸中日月常新美。名世于今
五百年,诸公碌碌皆余子。平浪官前友谊多,崇明对马衣带水。东瀛濯剑有书还,我返自崖君去矣。'''
poem = poem.replace("。", "。\n")
print(poem)
```

实验4：输出星期字符串

参考代码：

```
weeks = "星期日星期一星期二星期三星期四星期五星期六"
weeknum = eval(input("请输入一个数字0~6:"))
pos = weeknum*3
print(weeks[pos:pos + 3])
```

第3章 上机实验

实验1：空气质量指数判断

参考代码：

```
pm = eval(input("请输入pm2.5的值："))
print("今天的空气质量为：",end = "")
if pm < 50:
    print("优")
elif 50 <= pm  < 100:
    print("良")
elif 100 <= pm  < 150:
    print("轻度污染")
elif 150 <= pm  < 200:
    print("中度污染")
elif 200 <= pm  < 300:
    print("重度污染")
else:
    print("严重污染")
```

实验 2：求阶乘

参考代码：

```
n = int(input("请输入一个 0 ~20 的整数："))
fn = 1
while n > 1:
    fn = fn*n
    n = n-1
print(f"{n}的阶乘为：{fn}")
```

实验 3：斐波那契数列

参考代码：

```
n = int(input("你要打印前几项？"))
fb1 = 1
if n == 1:
    print(f"斐波那契数列前{n}项:{fb1}")
else:
    fb2 = fb1
    print(f"斐波那契数列前{n}项:{fb1},{fb2}",end ="")
    for i in range(2,n):
        fb3 = fb2 + fb1
        fb1 = fb2
        fb2 = fb3
        print(f",{fb3}",end ="")
```

实验 4：自然常数 e

参考代码：

```
p = float(input("输入误差范围："))
n = 1
sum_e = 1                    #sum_e 存放级数的和
fn = 1                       #fn 存放 n 的阶乘
while 1/fn > p:
    fn = fn*n
    sum_e = sum_e + 1/fn
    n = n + 1
print(f"e ={sum_e},计算了前{n}项")
```

实验 5：最小公倍数

参考代码：

```
'''
求 m 和 n 最小公倍数：
首先找出两个数中较大的数,记作 LCM,让 m 和 n 去除 LCM,
利用 while 循环逐步增大 LCM 的值,当 LCM 能够同时被 m 和 n 整除时,
LCM 就是最 m 和 n 的最小公倍数,结束循环。
'''
m,n = eval(input("输入两个整数(英文逗号分隔):"))
```

```
LCM = max(m,n)
while LCM% m or LCM% n:
    LCM = LCM + 1
print(f"最小公倍数：{LCM}")
```

实验 6：水仙花数

参考代码：

```
print("水仙花数", end = "")
for i in range(100,1000):
    g = i%10
    s = i//10%10
    b = i//100
    if g**3 + s**3 + b**3 == i:
        print(f",{i}",end = "")
```

实验 7：猜数字

参考代码：

```
import random
answer = random.randint(0,100)
chance = 8
while chance:
    guess = int(input("猜数字,请猜 0 - 99 的一个数："))
    if guess > answer:
        print("太大了")
    elif guess < answer:
        print("太小了")
    else:
        print(f"恭喜,你猜中了!共猜了{9 - chance}次")
        break
    chance -= 1
else:
    print("机会用完,你没猜中!")
```

实验 8：倒计时

参考代码：

```
import time
for i in range(10):
    print(f"\r 离程序退出还剩{9 - i}秒", end ="")
    time.sleep(1)
```

实验 9：凯撒密码

参考代码：

```
p = input("明文:")
c = ""
for r in p:
```

```
        if "A" <= r <= "W" or "a" <= r <= "w":
            c = c + chr(ord(r) +3)
        elif "X" <= r <= "Z" or "x" <= r <= "z":
            c = c + chr(ord(r) - 23)
        else:
            c = c + r
print(f"密文:{c}")
```

实验 10:乾坤大挪移修炼

参考代码:略

第 4 章 上机实验

实验 1:倒背如流 1

参考代码:

```
s = input()
print(s[::-1])
```

实验 2:倒背如流 2

参考代码:

```
s = input()
s = s.split('')
##处理标点符号,如 To be or not to be, that is a question
##for i in range(len(s)):
##    for c in',.!?':
##        if c in s[i]:
##            s[i] = c + str(s[i])[:-1]
s.reverse()
s =''.join(s)
print(s)
```

实验 3:去掉重复名字

参考代码:

```
names ='''李莫愁 阿紫 逍遥子 乔峰 逍遥子 完颜洪烈 郭芙 杨逍 张无忌 杨过 慕容复 逍遥子 虚
竹 双儿 乔峰 郭芙 黄蓉 李莫愁 陈家洛 杨过 忽必烈 鳌拜 王语嫣 洪七公 韦小宝 阿朱 梅超风 段誉 岳
灵珊 完颜洪烈 乔峰 段誉 杨过 杨过 慕容复 黄蓉 杨过 阿紫 杨逍 张三丰 张三丰 赵敏 张三丰 杨逍 黄
蓉 杨过 郭靖 黄蓉 双儿 灭绝师太 段誉 张无忌 陈家洛 黄蓉 鳌拜 黄药师 逍遥子 忽必烈 赵敏 逍遥子
完颜洪烈 金轮法王 双儿 鳌拜 洪七公 郭芙 郭襄 赵敏'''
namelist = names.split()
i = 0
for name in namelist:
    print(name,end ='')
    i = i +1
    if i%5 == 0:
        print()
nameset = set(namelist)
```

```
namelist = list(nameset)
print('\n*******')
i = 0
for name in namelist:
    print(name,end='')
    i = i +1
    if i%5 == 0:
        print()
```

实验4：随机密码生成

参考代码：

```
import random
n = [str(i) for i in range(10)]
c = [chr(i) for i in range(97,123)]
nc = n +c
sec = []
for i in range(10):
    s = random.sample(nc,8)
    sec.append(''.join(s))
print(sec)
```

实验5：数字分类

参考代码：

```
oddlist = []
evenlist = []
n = random.sample([i for i in range(1,101)],20)
[oddlist.append(i) if i%2 ==1 else evenlist.append(i) for i in n]
print(oddlist)
print(evenlist)
```

实验6：出现次数最多的汉字

参考代码：

```
poem ='''北国风光,千里冰封,万里雪飘。望长城内外,惟余莽莽；大河上下,顿失滔滔。山舞银
蛇,原驰蜡象,欲与天公试比高。须晴日,看红装素裹,分外妖娆。
江山如此多娇,引无数英雄竞折腰。惜秦皇汉武,略输文采；唐宗宋祖,稍逊风骚。一代天骄,成吉
思汗,只识弯弓射大雕。俱往矣,数风流人物,还看今朝。'''
dictp = {}
for c in poem:
    if c in ',。；? \n':
        continue
    dictp[c] = dictp.get(c,0) +1
maxv = 0
for k in dictp.keys():
```

```
        if dictp[k] > maxv:
            maxv = dictp[k]
            maxk = k
print(maxk,maxv)
```

实验 7：猜单词 3

参考代码：略

实验 8：绘制图形

参考代码：

```
import turtle
def gopos(x,y =0):
    turtle.up()
    turtle.goto(x,y)
    turtle.down()
#绘制五角星
gopos(-400)
for i in range(5):
    turtle.fd(100)
    turtle.left(144)
#绘制五角星
gopos(-250)
for i in range(5):
    turtle.fd(40)
    turtle.right(72)
    turtle.fd(40)
    turtle.right(-144)
#绘制螺旋正方形
gopos(-50,15)
for i in range(1,100,3):
    turtle.fd(i)
    turtle.left(90)
#绘制圆
gopos(150,15)
for i in range(3,60,10):
    turtle.circle(i)
#绘制同心圆
for i in range(0,50,10):
    gopos(250 + i,15)
    turtle.circle(i + 10)
turtle.hideturtle()
```

PYTHON 程序设计
基础教程

第 5 章　上机实验

实验 1：多个数的乘积

参考代码：

```
def my_product(*d):
    p = 1
    if d:
        for n in d:
            p *= n
        return p
    else:
        return "至少输入一个数字"
print(my_product(5,2))
```

实验 2：统计字符个数

参考代码：

```
def my_count(s):
    nd = nc = ns = no = 0
    for c in s:
        if c.isdigit():
            nd += 1
        elif c.isalpha():
            nc += 1
        elif c =='':
            ns += 1
        else:
            no += 1
    print(f'数字:{nd}个,字母{nc}个,空格{ns}个,其他字符{no}个')
s = input()
my_count(s)
```

实验 3：求完数

参考代码：

```
def perfect_num(n):                          #判断一个数是不是完数
    s = 0
    for i in range(1,n):
        if n%i == 0:
            s = s + i
    if s == n:
        return True
for i in range(1,1000):
    if perfect_num(i):
```

· 168 ·

```
        print(f'{i}:',end ='')                          #打印完数
        for k in range(1,i):                            #打印该完数的因子
            if i% k  == 0:
                print(f'{k}',end ='')
        print()
```

实验 4：斐波那契数列

参考代码：

```
def fib(n):                                             #求第 n 项
    if n  == 1 or n  == 2:
        fn  = 1
    else:
        fn  = fib(n - 1)  + fib(n - 2)
    return fn
n  = int(input("你要打印前几项？"))
print(f"前{n}项：",end ='')
for i in range(1,n):                                    #打印前 n - 1 项
    print(fib(i),end =',')
print(fib(n))                                           #打印第 n 项
```

实验 5：分形图形

参考代码：

```
from turtle import*
import time
def draw(t,d):
    if t ==0:
        return
    for i in range(6):
        down()
        draw(t - 1,d/3)
        fd(d)
        left(60)
        fd(d)
        left(-120)
        up()
speed(0)
pensize(2)
hideturtle()
up()
goto(-150,75)
down()
draw(4,120)
```

第6章 上机实验

实验1 读取文件1

参考代码：

```python
fo = open('x01.txt',encoding = 'utf8')
for i in range(10):
    print(fo.readline(),end = '')
```

实验2 读取文件2

参考代码：

```python
fo = open('x01.txt',encoding = 'utf8')
txt = fo.readlines()
for i in range(0,20,2):
    print(txt[i],end = '')
```

实验3 写文件

参考代码：

```python
poem ='''沁园春·长沙作者：毛泽东独立寒秋,湘江北去,橘子洲头。看万山红遍,层林尽染；漫
江碧透,百舸争流。鹰击长空,鱼翔浅底,万类霜天竟自由。怅寥廓,问苍茫大地,谁主沉浮？携来百侣
曾游,忆往昔峥嵘岁月稠。恰同学少年,风华正茂；书生意气,挥斥方遒。指点江山,激扬文字,粪土当
年万户侯。曾记否,到中流击水,浪遏飞舟？'''
fo = open('x03.txt',mode = 'w')
fo.write(poem[:6] +'\n')
fo.write(poem[6:12] +'\n')
poem = poem[12:]
poem = poem.replace('\n','')
for ch in ',。；？':
    poem = poem.replace(ch,ch +'\n')
fo.write(poem)
fo.close()
```

实验4 整理单词表

参考代码：

```python
ftxt = open("x01.txt",encoding = "utf8")
fcsv = open("x04.csv","w")
for line in ftxt:
    for ch in "0123456789\n":              #去除数字
        line = line.replace(ch,"")
    line = line.replace(",",";")            #将词义中的逗号替换为分号
    line = line.lstrip(".")                 #去除数字后的点号
    line = line.lstrip()                    #有的数字点后还有空格也去掉
    if line:
```

```
                pos = line.find(" ")                    #找到整理好的数据中的第一个空格的位置
                line = line[:pos] + "," + line[pos +1:] + "\n"
                fcsv.write(line)
ftxt.close()
fcsv.close()
```

实验 5　改进的生词本

参考代码：

```
#改进的生词本
print("我的单词本")
print("""输入:单词, 进行添加或者删除
输入1.显示单词表
输入:0.退出""")
fo = open('x05 生词本.txt',mode ='a+') #'a +'模式打开, 防止第一次运行是出错
fo.seek(0)                            #'a +'模式,读写位置在文件尾部, 先移到开头
txt = fo.read().strip('\n')           #去掉尾部的换行, 此处不用 readlines(),用它会增加换行
word_list = txt.split('\n')           #用换行符分隔字符串为列表
fo.close()                            #关闭文件
while True:
    word = input("请输入:")
    if word == "0":
        break
    elif word == "1":
        if word_list:
            for myWord in word_list:
                print(word_list.index(myWord),myWord)
        else:
            print("单词表为空")
    else:
        if word in word_list:
            choice = input("该单词已在生词本中, 需要删除吗? (Y/N )")
            if choice in ["Y","y"]:
                word_list.remove(word)
        else:
            choice = input("要加入该单词吗? (Y/N )")
            if choice in ["Y","y"]:
                word_list.append(word)

fo = open('x05 生词本.txt', mode ='w')    #退出前把 word_list 中的单词重新写回到文件中
for word in word_list:
    fo.write(word +'\n')
fo.close()
```

第7章　上机实验

实验1　《笑傲江湖》人物出场次数统计

参考代码：

```python
import jieba
def get_text(file_name):
    fo = open(file_name,encoding = "ansi")
    txt = fo.read()
    words = jieba.lcut(txt)
    return words
def count_words(words):
    word_excludes = {'说道','甚么','剑法','弟子','恒山','他们',
                     '师父','一个','自己','咱们','一声','不是','长剑',
                     '不知','出来','之中','心中','武功','教主'}
    counts = {}
    for word in words:
        if len(word) == 1:
            continue
        else:
            role = word
        counts[role] = counts.get(role,0) + 1
    for word inword_excludes:
        del counts[word]
    word_list = list(counts.items())
    word_list.sort(key = lambda x:x[1], reverse = True)
    return word_list
txt = get_text("x01 笑傲江湖.txt")
role_list = count_words(txt)
for i in range(10):
    role,count = role_list[i]
    print(f"{role: <10s} \t{count: >5d}")
```

实验2　生成词云

参考代码：

```python
import wordcloud
import jieba
fo = open("x02 沁园春 长沙.txt",encoding = "utf - 8")
txt = fo.read()
txt_list = jieba.lcut(txt)
txt = " ".join(txt_list)
wc = wordcloud.WordCloud(font_path = "FZSTK.TTF",\
```

```
                              width = 800,height = 300,\
                              background_color = "white")
wc.generate(txt)
wc.to_file("x02.jpg")
```

实验 3　gif 动图拆解

参考代码：

```
import imageio
im = imageio.get_reader('x03.gif')
num = 0
for frame in im:
    num += 1
    imageio.imwrite(f'../image/{num}.png',frame,'PNG')
print(f"这张 GIF 图片总共由：{num}张 PNG 图片组成！！！")
im.close()
```

参考文献

［1］ 嵩天. 礼欣. 黄天羽. Python 语言程序设计基础［M］. 2 版. 北京：高等教育出版社，2017.

［2］ 黑马程序员. Python 程序开发案例教程［M］. 北京：中国铁道出版社，2020.

［3］ 江红. 余青松. Python 编程从入门到实战［M］. 北京：清华大学出版社，2021.

［4］［挪］Magnus Lie Hetlan. Python 基础教程［M］. 3 版. 袁国忠，译. 北京：人民邮电出版社，2018.

［5］［美］Jason Briggs. 趣学 Python 编程［M］. 尹哲，译. 北京：人民邮电出版社，2014.

［6］ https：//docs. python. org/zh － cn/3/library/index. html.

［7］ 百度百科 http：//baike. baidu. com/.